解码智能时代

重新定义智慧城市

信风智库　编著

撰稿：曹一方　胡　潇　王思宇　欧阳成　刘仁鹏

重庆大学出版社

图书在版编目（CIP）数据

解码智能时代．重新定义智慧城市 / 信风智库编著
．-- 重庆：重庆大学出版社，2022.8
ISBN 978-7-5689-3484-8

Ⅰ．①解… Ⅱ．①信… Ⅲ．①智慧城市 Ⅳ．① TP18
② F291

中国版本图书馆 CIP 数据核字（2022）第 133700 号

解码智能时代：重新定义智慧城市
JIEMA ZHINENG SHIDAI：CHONGXIN DINGYI ZHIHUI CHENGSHI

信风智库　编著

策划编辑：杨粮菊

责任编辑：鲁　静　　版式设计：杨粮菊

责任校对：谢　芳　　责任印制：张　策

*

重庆大学出版社出版发行

出版人：饶帮华

社址：重庆市沙坪坝区大学城西路 21 号

邮编：401331

电话：（023）88617190　88617185（中小学）

传真：（023）88617186　88617166

网址：http://www.cqup.com.cn

邮箱：fxk@cqup.com.cn（营销中心）

全国新华书店经销

重庆升光电力印务有限公司印刷

*

开本：720mm × 960mm　1/16　印张：13.25　字数：173 千

2022 年 8 月第 1 版　　2022 年 8 月第 1 次印刷

ISBN 978-7-5689-3484-8　定价：78.00 元

世界正进入数字经济快速发展的时期，5G、人工智能、智慧城市等新技术、新业态、新平台蓬勃兴起，深刻影响全球科技创新、产业结构调整、经济社会发展。近年来，中国积极推进数字产业化、产业数字化，推动数字技术同经济社会发展深度融合。

在上海合作组织成立20周年之际，中国愿同各成员国弘扬“上海精神”，深度参与数字经济国际合作，让数字化、网络化、智能化为经济社会发展增添动力，开创数字经济合作新局面。

摘自新华社北京2021年8月23日电：《习近平向中国—上海合作组织数字经济产业论坛、2021中国国际智能产业博览会致贺信》

CONTENTS

目录

第一章 寻找城市智慧方法

第二章 破解政府数字难题

第三章 打开市场想象空间

第四章 保障民众数据权利

第五章
激活智慧生态密码

第六章
瞭望未来城市形态

第一章

寻找城市智慧方法

第一节
造城运动：那些火热背后的冷思考

大约 6000 年前，在两河流域诞生了人类已知最早的城市之一，这就是由苏美尔文明建造的乌鲁克城。人们摒弃了家族和村落提供的安全感，转而同陌生人聚到一起，合力创造出一座城墙周长将近 11 公里，环绕方圆 6 平方公里土地的城市。

现在，全世界已经建立了超过 1 万座城市。据媒体 *Smart Cities World*（智能城市世界）2017 年的报道，城市消耗了全球 70% 以上的能源供应，到 2050 年将有 65 亿人生活在城市。

在这场覆盖全球的造城运动中，不论是政府主导的经济开发区或新城模式，还是房地产开发商主导的房地产模式，抑或是由云计算、物联网、大数据等新基建构成的智慧城市模式，都离不开人的情感、意志和智慧。这让我们必须思考：究竟什么才是真正的“智慧”城市。

城市化的成本命题

城市作为人类最伟大的发明，扮演着知识传播和经济交流节点的角色。于是，我们看到意大利佛罗伦萨的街道诞生了文艺复兴，英国伯明翰的城区催生了工业革命，美国硅谷和印度班加罗尔更是成就了互联网时代。

有这样一个观点：人口的聚集促使城市规模扩大，城市规模的扩大又带来经济效率的提高。比如，城市的规模效应为就业、消费、教育、医疗和治安提供了基础设施，庞大的市场也足以容纳众多技术创新，发展出城市特有的战略性产业。

然而，城市的胜利因素并非一味地规模化，随着城市规模的扩大，城市管理成本也会随之增加，成本收益将成为城市发展的决定因素。

透过北宋传世名画《清明上河图》，我们可以看到汴京（今河南开封）这座城市的繁华，酒楼、茶坊鳞次栉比，行人、客商拥挤于道。然而，在这座城市繁盛景象的背后，却是人口稠密和资源过度集中带来的供养压力和治理难度。

在北宋之前，中国城市一直实行坊市制度，要求城市中的住宅区与市场严格分开，市场被限制在四周由围墙圈定的区域内，交易活动也只能在白天规定的时间进行。北宋时彻底突破坊市制度，允许百姓在城市的街头巷尾摆摊开店，城市商业获得了更加广阔的发展空间。然而，随着市场经济日渐活跃，城墙限制了市场向外扩大，人口大量流入城市，加之土地供应缺乏弹性，侵占街道的“违章建筑”层出不穷，经营的小贩和行人拥挤不堪——这些都对城市管理提出了更高的要求。

除了人、地矛盾之外，城市规模化后的交通拥挤、供水不足、能源紧缺、环境污染、秩序混乱等城市病，同样也会增加城市管理成本。

过去，这样的城市病困扰着许多大城市，政府为之付出了巨大的治理成本和其他代价。1952 年伦敦曾遭遇浓雾灾难，空气污染物造成上万人死亡，集中的居民和工厂燃煤是这次灾难的主要原因。为此，英国颁布了世界上第一部空气污染防治法案《清洁空气法》（*Clean Air Act*），要求全民天然气化，重工业设施迁出城市，减少私家车的刚性需求。

在工业时代，城市治理或许更加困难。《硅谷百年史：伟大的科技创新与创业历程（1900—2013）》（*A History of Silicon Valley: The Greatest Creation of Wealth in the History of the Planet*）里写道：淘金热催生铁路业，而铁路业带动运输业，运输业又带动港口业。工业时代，许多人遵循的逻辑是“占有大于一切”，关注的是有形产品的生产和流通，城市作为重要的节点，自然会越来越拥挤不堪。

反观互联网时代，人们遵循的逻辑是“连接大于拥有”，不求占有大量实体产品和有形资源，因而可以把人、货物、现金、信息等连接起来，调配分布在各地的大量外部资源，突破了城市发展的物理空间限制。

到了数字时代，人们的理念转换为“以数据驱动一切”，所有资源开始重组创新，可量化、可衡量、可程序化的工作都会被机器智能取代，深度学习和协同兼容成为主旋律。要解决大城市病，或许到换一个治理维度的时候了。

2008 年，在全球金融危机的大背景下，IBM 发布的《智慧地球：下一代领导人议程》正式提出了“智慧地球”的理念，进而引发了全球智慧城市建设的热潮。

什么是智慧城市呢？根据 ISO（国际标准化组织）的定义，智慧城市指的是在已建环境中对物理系统、数字系统、人类系统进行有效整合，从而为市民提供的一个可持续的、繁荣的、包容的综合环境系统。

位于美国艾奥瓦州的迪比克是世界上第一个智慧城市，它的特点是重视智能化建设。迪比克市政府与 IBM 合作，利用物联网技术将城市的所有资源数字化并将其连接起来，包含水、电、油、气、交通和公共服务等公共资源，通过监测、分析和整合各种数据，进而智能化地响应市民的需求，并降低城市的能耗和成本。由此可见，智慧城市是利用新一代信息技术为城市居民提供更好的服务，解决传统城市所遭遇的成本收益问题。

反思城市“智慧之困”

如果说民生是智慧城市建设的根本，那么经济就是智慧城市发展的筹码。

新加坡是全球富裕国家之一，一直以来，新加坡繁荣的经济依赖发达的金融业、电子产业、旅游业和转口贸易，城市是这些产业的底座。因此城市政策、服务和环境的好坏，很大程度上影响着新加坡经济的发展。

新加坡早在2006年就启动了“智慧国2015”计划，在公共安全、交通和社区等领域推进信息化和智能化，并在2013年提前完成目标。随后新加坡再次提出“智慧国家2025”计划，向建成“世界上首个智慧国家”的目标发起冲击。

目前，新加坡已经建设完成全岛统一的城市级公共安全信息平台，通过视频系统实现全岛联网，全民只需刷脸便可获得政府的大部分服务。在细分领域，新加坡积极改造全国10万盏街灯，通过加装传感器网络，收集音量、气温、湿度、降水量、水位等数据，提高新加坡城市的安全性与环境友好度。

作为城市国家的代表，新加坡经济以“淡马锡模式”的国有企业为主导，而这种模式的一个好处就是：智慧城市建设中产生的技术和数据，通过清洗和脱敏，也能高效地导向满足条件的企业，形成城市经济的内循环。

不过，并非每一座智慧城市的建设都像在新加坡这样取得成功，在全球狂热的智慧城市“造城运动”中，我们需要反思一些城市遭遇的“智慧之困”。

2003年，韩国政府计划在本国第二大港口城市仁川市，利用填海造陆的方式建造一座完全智能化的城市。这座被命名为“松岛新城”的新城市不存在旧城的历史包袱，完全可以用颠覆性的技术将其从

● 新加坡的智慧城市

“头”武装到“脚”。然而正是这种建设思路，让松岛新城在建设中过分注重科技设施的堆砌，造成城市入住成本高昂，再加上不注重居民的情感体验，松岛新城的人口聚集效应式微，被不少居民自嘲为“一座高科技的鬼城”。

同样的，2017 年原谷歌旗下的子公司 Sidewalk Labs（人行道实验室）宣布，投资 5000 万美元在加拿大的多伦多打造全球第一个智慧街区 Quayside（码头边），通过在该生活空间内安装大量的传感器，为居民的生活提供精准匹配的智能服务。然而在历时 3 年之后，Quayside 项目却不断遭受关于个人隐私数据问题的质疑。即便 Sidewalk Labs 提议建立一个独立的第三方运行的“数据信托”，该

项目也无法减少自身商业利益和公共利益间的摩擦，加上新冠肺炎疫情的影响，其最终不得不宣告终止。

城市不仅需要具备能量与智慧，更重要的是能容纳人们的情感，承载社会意义。如果智慧城市不能产生积极的社会效益和经济效益，反而成为人们生产和生活的负担，这样的智慧城市注定会失败。

规避复杂巨系统陷阱

理论物理学家杰弗里·韦斯特在其著作《规模》（*Scale*）一书中指出：一座城市是一个自然形成的复杂适应系统，是两种流结合的产物。一种流是维持并促进自身基础设施和居民生活运转的能源和资源流，另一种流则是连接所有公众的社会网络信息流。两种流不仅带来了基础设施的规模经济效益，同时也带来了社会活动、创新和经济产出的增长。这一点在智慧城市的运行秩序中，体现得更加淋漓尽致。不过，需要我们引起重视的是，城市在不断数字化、网络化、智能化的过程中，被冠以的属性越来越多，这样的复杂巨系统面临着崩溃的风险。

2021 年 12 月 20 日，新冠肺炎疫情防控期间西安地区个人出行的电子凭证——“一码通”出现了反复宕机的情况，给西安民众的出行和生活带来了严重影响。根据公开报道，此次西安“一码通”的“崩溃”，原因是系统流量过载，而系统架构本身应对高并发的能力不足，最终导致防火墙拦截数据无法返回的系统性故障。简而言之，就是系统的“健壮”程度不足以支撑它的复杂程度。

打开西安“一码通”的客户端，我们会发现除了作为核心功能的健康码之外，其还融合了公民电子证件、社会保险、公积金、城市新闻、政务地图、幼儿托管、停车数据和空气质量等业务，让原本只用于疫情防控的“一码通”呈现出复杂的业务逻辑。这种通过《中华人民共和国传染病防治法》赋权的“健康码”并不具备城市万能卡的作用。并且，其一旦被滥用，极可能引发社会不稳定因素，削弱公众对智慧城市可靠性的认知。

当下，在城市巨型化、智能化的趋势下，数字技术已经嵌入城市运转的全流程中。清华大学建筑学院教授尹稚认为，当前智慧城市治理中存在着简单粗暴的“一刀切”现象，比如“健康码”几乎成为新冠肺炎疫情期间在外通行的唯一凭证，这可能会让许多老人、小孩、病人和残疾人等成为“数字孤岛”。科学技术的进步并不必然带来社会治理的进步和社会矛盾的化解，对数字技术的过度依赖，反而可能使城市治理陷入困境。

在科幻灾难电影《全球风暴》（*Geostorm*）中，未来人类科技高度发达，已经开发出可以控制天气的气象卫星，可利用这种技术为城市服务。但后期由于气象卫星系统崩溃，一项利民工程反而变为杀伤力巨大的武器，暴雨、干旱和极寒等气象灾害开始不断袭击城市，一场浩劫席卷全球。由此可见，复杂巨系统的任何疏漏或瑕疵所产生的隐患，都有可能被偶然或必然地放大为不可估量的负面影响。

今天的智慧城市建设和发展，涉及地理信息、公共管理学、区域经济学、城市社会学等学科，由于业务涉及广、层次多，急需一个开放且可扩展的架构。如何搭建这个复杂巨系统，并且跳出复杂巨系统的陷阱，成为考验智慧城市建设者与治理者的命题。

1992 年，中国著名科学家钱学森针对以“两弹一星”为典型案例的大系统工程实施过程中面临的挑战，提出建设人机结合、从定性到定量的“综合集成研讨厅”体系的设想，由不同领域的专家利用计算机和网络，对收集的数据进行处理，将专家体系、机器体系和数据体系有机结合起来组成智能系统。钱学森的“开放复杂巨系统”思想，对我们今天研究智慧城市有着重大指导意义。

长远来看，无论多复杂的智慧城市，都需要具备“一性五度”的内核。“一性”即城市的韧性，是一种抵御风险、化解问题以及快速应变、恢复城市运行秩序的能力；“五度”则包括数据开放的“密度”、市民参与的“力度”、数字服务的“温度”、个人隐私的“尺度”、城市创新的“浓度”。

《光辉城市》（*La Ville Radieuse*）的作者勒·柯布西耶曾说过：城市就如绿叶一般美丽，绿叶的美丽是因为其被那些层次分明、纤细精致的叶脉网络支撑。的确，智慧城市不是一种靠活跃的市场经济构建的复杂巨系统，而是一种具有自身发展逻辑和生长迭代能力的复杂巨系统。这样的系统，其智慧一定是由内而外、由点及面、自下而上全面渗透的，进而散发出令生命常青的能量。

第二节
城市治理：“数”和“人”的平衡

“数”和“人”是驱动智慧城市的两个轮子，我们不能夸大数字化的作用，弱化人的存在和干预作用，也不能以人的意志让“数字化”做出不客观的判断。

智慧城市发展到今天，我们应该明确一个基本点：既要“人”管理“数”，也要“数”驱动“人”。

城市第四范式与数字化

人类科学的发展，与城市的崛起有着一种隐秘的联系。比如，人类科学经历了“四个范式”，城市发展同样也经历了四个阶段。

人类科学的“四个范式”由美国资讯工程学家詹姆斯·尼古拉·格雷提出，分别为实验科学、理论科学、计算科学、数据科学。

在第一范式的实验科学阶段，人类通过重复实验记录自然，以钻木取火、摩擦起电等人为实验为代表；在第二范式的理论科学阶段，人类开始在现象经验中总结理论，因此发现了牛顿三大定律等规律；

在第三范式的计算科学阶段，人类发明了计算机，并且通过计算机对一些情况进行推演，比如预测天气；在第四范式的数据科学阶段，计算机从海量数据中提取出规律，并用于指导我们的现实行动。

从城市发展的阶段性特征与价值定位来看，其基本也可以划分为四个阶段。

第一阶段是从原始公社解体到东晋时期（西方世界从原始公社解体到西罗马帝国灭亡），这一阶段的城市规模小、经济功能弱，是行政、军事、宗教活动的中心；第二阶段是从南北朝到明朝初期（西方世界为中世纪），城市成为商品交易中心和文化中心，城市功能日趋多样化；第三阶段是近代城市阶段，科学技术促进机器大工业发展，城市规模和数量快速扩张，成为社会意识、世界贸易、科学技术的集中地；第四阶段是现代城市阶段，城市成为人类的主要聚居区，在强调于物质空间中营造城市硬件系统的同时，开始大力开展城市软件系统建设，大力推进“智慧城市”和“新基建”项目。

由此可见，人类科学是促进城市发展的动力，而城市又是人类科学的重要载体。那么，在城市发展的第四阶段（即城市第四范式），数字化究竟为城市提供了什么价值呢？

坐落于我国重庆市西部（重庆）科学城凤鸣湖畔的 AI PARK（人工智能公园），或许可以从一个侧面回答这个问题。AI PARK 是特斯联科技集团有限公司打造的智慧城市样本，其建设和运营逻辑就遵循数字化技术路线。目前展示的 AI PARK 一期项目，覆盖了城市治理、产业发展、民生服务和生态宜居四大场景；通过特斯联智慧城市操作系统 TACOS，可以控制项目内的机器人和智能终端，实现停车引导、表情识别、语音对话、人脸支付、安全保卫等 19 个小类的基础城市功能模块运行。

● 位于我国重庆市西部（重庆）科学城的AI PARK（图片来源：张锦辉/视觉重庆）

AI PARK 为我们展现了城市数字化的价值。首先，数字化将对城市已有发展基础进行优化，比如提升城市管网、街道路灯、交通设施的承载力与响应力；其次，通过数据、平台与算法的支撑与驱动，提升城市运行、治理和服务的效率；最后，数字化可以驱动数字经济发展，通过产业数字化创新与数字产业化升级，改变城市的发展逻辑与产业潜力。

如果把智慧城市比作一个生命体，传感器就是五官，网络就是神经，控制和存储信息的云技术是中枢，机器人是手脚，大数据是血液，人工智能则是大脑。这样一个生命体，可以像人一样全局分析、快速响应、智能处理现实城市中的问题，有望真正实现善政、兴业和惠民。

数据即人

城市的第四范式，就是“物联城市”吗？

从智慧城市的发展进程来看，由于城市数据是流动、共享与交互的，城市应该从无机的智能机器变成有机的“数据生命体”，并有其自身的新陈代谢规律。

在西方一些发达国家，难民安置是一个长期考验管理者的难题。许多难民受教育程度不高，文化、信仰差异可能较大，部分难民的职业技能可能难以和当地企业的需求匹配，怎样才能科学设置难民营，满足难民、周围居民和政府部门三方需求呢？

“寻找住所”项目或许可以给予我们一些启示。作为智慧城市的一个项目，它通过“数据生命体”的理念来解决难民营设置难题。首先，项目方会召集一批公众参与难民营地址的选择和评议，通过增强现实技术将几个目标地点映射到电子沙盘上，公众可以结合目标地点的各种条件与关联要素，通过数字孪生进行直观演示、推测，观察目标地点在未来的民众生活、政府管理、安全等方面会受到哪些影响，影响是否可控与合理，最终评选出一个令各方都满意的难民营地址。

“数据生命体”是城市发展的高级阶段，未来的智能城市不应呈现出因技术僭越而导致的“人为技术服务”，也不能简单粗暴地“将人等同于数据”。智慧城市的建设者与管理者必须将城市流动中的数据当成真实的生命，充分把握数据要素和数字技术在城市运行中的应用温度。

在城市的数字化进程中，如果说数据要素和数字技术扮演了关键角色甚至具备“数据生命体”的特征，那么人的价值体现在哪里呢？

在智慧城市领域，“人被机器替代”是不成立的，机器（或者说新一代信息技术）能够替代的只是人力，无法真正替代人脑。

我国宁波舟山港有着“转运南北，港通天下”的美誉，日均 100

余艘次万吨级以上船舶在港口进出。在港区，传统的龙门吊需要每台配备一名司机，业务繁忙导致司机“紧俏”，司机在高空作业往往一待就是 12 个小时。如何解决这种“人”“机”不匹配的问题呢？

从 2018 年开始，舟山港建成了全国首个 5G 港口基站。2020 年 5 月又与中国移动、华为公司、振华重工合作，打造 5G 辅助靠泊、5G 智能理货、5G 集卡无人驾驶、5G 轮胎式龙门吊远控、5G 港区 360 度作业综合调度等五大智慧应用场景，建设“5G+ 智慧港口”的舟山港样本。数字化技术的运用，不仅解放了人力，还大幅提升了整个港区的日常运转效率。

在这样的模式下，港区的龙门吊司机通过数字港务服务平台转型为远程操控员，一人可以控制几台 5G 轮胎式龙门吊。他们的工作方式改变了，但依旧用人的智慧控制着机器运转——人在城市的数字化进程中充当的是大脑而非双手，具有主观能动性的人才是智慧城市的最终倚仗。

其实不难发现，基于对人本主义的高度关切，目前智慧城市的建设和运营已经表现出“人感城市”的特点。

以我国北京的城市建设与运营为例。自 2017 年开始，北京市创新推出“街乡吹哨，部门报到”改革，其实质是让街、乡、镇基层单位作为“吹哨者”，敏锐地感知市民诉求，再由市、区政府委办局协同解决问题。虽然，街、乡、镇政府是最靠近人民群众的政府机构，但是其在吹哨与表达市民诉求上仍有一定困难，不能够精准、充分、高效地理解市民诉求的演变与规律。应如何解决这个问题呢？

2019 年以来，北京市政府推出 12345“接诉即办”政务热线，整合了 50 多条全市政府服务热线，将全市若干区、街道乡镇、市级部门和公共服务企业全部接入 12345 热线平台系统，企业和群众的诉求实现了全口径的统一。不到三年时间，12345“接诉即办”热线各渠道共受理群众来电反映 3134 万件，诉求解决率从 53% 提升到

89%，成为智慧城市治理的抓手。

这一事例中运行政务热线的北京市，就是一个典型的人感城市。这样的城市在运行过程中，市民参与为城市提供数据、提供资料、提供资源的活动，每位市民都是一个传感器，每一条热线都是一个神经元；城市的运行成本极低，通过成本社会化的方式，市民自助、自愿地贡献、共享智慧；与此同时，城市采取扁平化结构，城市管理者利用基层政府面对面感知和解决市民需求的敏捷性，更好地理解了城市，解决了城市问题。

智慧城市的建设和运营，应该走向“物感城市 + 人感城市”的发展路径，即“数”和“人”结合，建设者与管理者既能够理解城市的客观世界与物理空间，也能够理解市民的主观世界和社会空间，从而更好地为城市复杂系统提供解决方案。

“数”和“人”的平衡

如果说智慧城市的管理智慧是“数”和“人”的结合，那么要实现智慧城市的科学管理，我们就不得不厘清人的智慧与机器（新一代信息技术）智慧的区别，在城市管理中把握“数”和“人”的平衡。

第一个真正思考并尝试解答人的智慧与机器智慧的区别的人，是现代计算机科学的奠基人阿兰·图灵。1950 年，图灵在其划时代的论文《计算机器与智能》（*Computing Machinery and Intelligence*）中首次提出“机器思维”的概念，对机器的思维能力做出了肯定。

阿兰·图灵坚信，人脑只是一个复杂的计算系统，技术的发展使计算机模拟人类的思维成为可能。为此，他尝试用数学公式来描述胚胎的发育过程，“最初胚胎内的所有细胞完全相同，然后这些细胞会先聚集起来，之后开始分化，有些细胞最后变成了眼睛，有些细胞却变成了皮肤，原先简单的细胞开始涌现出智能。”

约翰·霍兰在《涌现：从混沌到有序》（*Emergence：From Chaos to Order*）中首次提出了“涌现”理论：一个系统中个体间预设的简单互动行为所造就的无法预知的复杂样态的现象，皆可称为“涌现”。比如，每只鸟在飞翔和躲避天敌时，只会遵守相同的简单规则，但当几万只鸟聚集形成鸟群时，鸟群则成为一个保护所有鸟的系统，仿佛一个会思考的中枢神经系统，既能躲避天敌和障碍，还能事先规划出远距离的迁徙。

如果说简单的法则可以形成极复杂的模式和系统，那么依靠无数二进制组成的机器智慧，是否也符合涌现理论呢？

Natural Motion（自然运动）是一家由神经科学家创建的游戏公司，曾经设计了一套可以自我进化的虚拟大脑，用来控制虚拟人物的身体动作。实验的结果令人惊叹，虚拟大脑只用了很短的时间，就从无法控制虚拟人物的行动，进化出能够控制很多复杂行为，比如对意外撞击、摔倒的反应，这些行为通常事先难以设计出来。

但是，这样的计算机智能是否等同于人的智慧，可以替代人甚至超越人？将这样的计算机智能应用到智慧城市后，其是否完全值得人信任？美国科学家侯世达（Douglas Richard Hofstadter）对此持反对意见。他认为智慧城市中涉及的智能技术只是在操纵数据，它并不知道这些数据意味着什么，也不知道数据还对应着一个现实世界。也就是说，机器智慧没有思路、创新和情感，与人的智慧存在本质区别。

在机器翻译领域就有一个著名的案例。在翻译“The box was in the pen”这句话时，几乎所有的程序都会出错，会把这句话翻译为“这个盒子是钢笔”或“盒子在钢笔里”。任何懂英语的人可能都会感到好笑，因为这里的“pen”的意思显然不是“钢笔”，而是“围栏”，程序却很容易直接掉进坑里。

从另一个角度来看，人脑不是复杂的计算机系统，其还无法具备用数据来描述的创造力和各种情绪，而机器的智慧是缺乏人性之美的。例如，在电影《我，机器人》（*I，Robot*）中，男主角史普纳遭遇车祸，前来营救的机器人经过计算，选择了救生存率更高的史普纳，而非另一个小女孩。但实际上，史普纳更希望机器人救小女孩。

人工智能算法还会受到训练数据的影响，如果训练数据存在偏向，那么其决策也可能存在歧视。比如人们熟知的大数据“杀熟”，实际上就是人工智能根据用户特征或偏好数据形成的价格歧视现象。

这就是机器智慧和人的智慧的区别。机器能够从海量的数据和计算中总结出科学规律，其本质是一种极限理性，是把每一个细粒度的区间都用数据进行计算和分析的技术。而人是一个复杂的变动因素，我们在进行数据分析时寻求的是一个能让大家都满意的答案、可以推行下去的决策，这是一个有限理性的过程。

我们务必牢记，在智慧城市管理和服务中，不能只谈“数字温度”，因为数字有“温度”的前提是人有温度。

第三节
“数智”安全：打赢没有硝烟的战争

城市由“城”与“市”两个字构成。在我国古代，“城”指的是城墙，“市”指的是交易物品的场所，城墙和交易场所是城市的重要组成部分。

智慧城市没有传统意义上的城墙，但是原本由城墙担负的防卫功能并没有消失，防卫责任逐渐由智能化安全系统和物联设备承担。从技术生态体系来说，通常把智慧城市构建分为云、网、数、端共四部分。从云端的计算服务和资源调动，到庞大网络系统的交互传输，再到大数据的全生命周期，最终到具体用户场景的端点应用，整套体系环环相扣、相互作用。

然而，当数字化让城市管理更“聪明”时，也可能让城市安全更“脆弱”。因为数字化给人类带来的网络安全威胁，已经从网络空间扩展到人身安全、基础设施安全、城市安全乃至国家安全。

脆弱的城市网络

在网络安全方面，智慧城市可能并不像想象中那么美好，“世界著名黑客”凯文·米特尼克甚至将智慧城市称为“脆弱城市”，因为城市里的所有联网设备都有可能被利用。比如，黑客可以利用网络控制城市摄像头，触发错误的报警功能；也可以攻击联网的洒水器，搞乱城市的供水系统；甚至可以操纵核电厂附近的辐射传感器，令其失灵或者制造恐慌。

智慧城市的“城墙”，为何如此脆弱？

原来，传统的计算机系统单一且封闭，网络的物理边界十分清晰，出现问题时人们只需将其逐个击破。而智慧城市更像一个连接万物的巨大网络，大量传统产业通过数字化和生态化的方式相互联结，智慧城市网络呈现多云业务复杂化、网络边界模糊化以及云资源巨量化，因此，一个小小的安全问题的出现便会“牵一发而动全身”，无论对管理者的技术水平还是管理水平都提出了更高的要求。

2020 年 5 月，境外黑客组织 APT32（海莲花）针对我国城市网络，持续多月对我国城市重要卫生医疗机构发起网络攻击，计划窃取和新冠病毒相关的重要情报。

早在 2015 年，北京奇虎科技有限公司（简称“奇虎 360”）旗下“天眼实验室”就首次披露了 APT32 的攻击细节。多年来，APT32 对中国政府、科研院所、海事机构、海域建设、航运企业等相关重要领域，进行着有组织、有计划、有针对性的长时间不间断攻击。该组织使用的技术并不复杂，往往通过鱼叉攻击和水坑攻击等方法，伪装成网络链接或图片文件，向特定目标人群传播特种木马程序，从而秘密控制政府部门、科研院所、外包商和行业专家的计算机系统，窃取系统中的机密资料。这背后反映了一个不容忽视的事实：智慧城市的蓬勃发展，必须建立在网络安全之上，而网络安全也必须从针对特定应用场景和特定用户防护，迈向城市级的网络安全整体运营和协同联防。

该公司创始人周鸿祎建议将网络安全基础设施作为智慧城市标配，开展城市级网络安全基础设施的统一安全运营，并以城市级网络安全基础设施为载体进行网络安全服务与赋能。不难看出，城市级网络安全基础设施将是智慧城市必不可少的“安全基座”。

隐私即安全

如果说，城市级网络安全基础设施是智慧城市的“城墙”，那么城市居民个人数据安全体系就是“城墙上的砖”。

1964 年，科学家在加拉帕戈斯群岛进行了一场实验，他们将无线电发射器用大块食物包裹，投喂给一群巨型象龟，从而获取象龟睡觉、徘徊和交配的数据。

象龟实验开启了人类数据收集的序幕。在今天的智慧城市，人们似乎与象龟一样成了数据收集的对象。城市管理者通过公共交通、井盖路灯、购物中心和机场的数据传感器感知城市居民衣食住行的各方面数据，研究如何提高城市运行效率。

但是，由数字化助推所重塑的智慧城市，依旧难以避免来自“代码之治”的原生性隐忧。传感器收集的数据属于谁？数据存储是否安全，能否用于商业目的？收集数据的行为是否合乎道德？这些都是不容忽视的问题。

波特兰是美国公共交通的示范城市，这里由公共交通、自行车、人行道和私人汽车等构成的交通系统保持着交通使用平衡。如何更好地控制和引导不同的交通工具，进而提高城市交通效率，是波特兰城市管理者非常关心的问题。

2019 年，波特兰地铁公司与谷歌子公司 Replica 合作，希望利用谷歌软件去识别用户的移动位置数据，预测城市居民使用的交通方式、通勤时间和目的地，从而帮助城市管理者做出相关决策。比如，数据分析出在早班时间城市私人汽车数量暴增，为限制市区的私人汽车数量，政府在城郊设置了可以 24 小时免费停车的换乘中心，以便私人车主在此换乘公共交通进入市区。

然而不到三年时间，因为城市居民对数据隐私和安全的质疑，波特兰地铁公司不得不宣布与 Replica 结束合作。这次事件有许多值得我们思考的地方，比如个人数据的隐私和安全不应该因为有大企业参与就完全放心；“数据驱动”应该被重新审视，公众参与的透明性以及数据来源的合法性应该成为数据应用的前提。

对于智慧城市的安全体系而言，最为重要的核心要素之一就是公民的个人安全感。那么，有没有一个可行的指引框架呢？

邓凯、吴灏文在《决策探索》杂志中谈到，智慧城市的公共政策须要建立一个隐私安全的框架：第一，强化“知情同意”规则，城市公共服务提供者在收集和使用市民个人数据时需要获得市民授权；第二，个人数据使用有度，政府及相关业界应践行“最小必须原则”，仅采集提供服务所必要的个人信息；第三，谨慎建制数据中台，个人信息与隐私数据保护的价值位阶应优先于数据整合与数据挖掘；第四，立法确立个人数据痕迹的删除权，删除权理念也可被智慧城市的隐私安全框架吸纳。

为保护个人及智慧城市运营中的数据资源，我国陆续出台多项与数据安全相关的法规政策。2020 年 4 月，中共中央、国务院出台《中共中央 国务院关于构建更加完善的要素市场化配置体制机制的意见》，首次明确数据成为继土地、劳动力、资本和技术之外的第五大生产要素。2021 年 6 月，第十三届全国人大常委会第二十九次会议表决通过《中华人民共和国数据安全法》，提出国家将对数据实行分级分类保护、开展数据活动必须履行数据安全保护义务承担社会责任等。2021 年 11 月，《中华人民共和国个人信息保护法》正式施行，为破解个人信息保护中的热点、难点问题提供了有力的法律保障。

除了法律法规和机制之外，在技术模式上，以隐私计算为代表的技术正变得越来越重要。简单来说，隐私计算是一类既能保护用户隐私，又能实现数据计算效果的技术。知名信息技术咨询公司 Gartner（高德纳）预测，到 2025 年，将有一半的大型企业、机构使用隐私计算处理数据。

中国科学院院士姚期智在 20 世纪 80 年代提出“多方安全计算”命题。该算法是由一组相互不信任或者不信任任何第三方的独立数据所有者输入数据信息，通过一个函数得出准确的运算结果，同时各方输入的数据信息不会暴露且不可还原。通俗来讲，就是每个人只算一点，然后将结果合在一起，就能够完成一个任务。

除了“多方安全计算”，隐私计算还有“联邦学习”和“可信执行环境”等多种实现方式。“联邦学习”由谷歌提出，是一种分布式的“机器学习”，即多个参与方事先商定好分析模型，在数据不出各方“本地”的情况下，用各方数据对模型进行训练，而后得出结论供各方使用。

无论是“多方安全计算”还是“联邦学习”，都是基于软件层面的，而“可信执行环境”则加入了硬件，通过构建一个独立于各方且受各方认可的安全硬件环境，在安全且机密的空间内进行计算，最后得出结论。

在智慧城市的建设进程中，我们对数字技术的认识是一个渐进式的过程。而这一进程中，必不可少的是“隐私即服务”以及法律法规对个人数据安全的保护。只有“城墙”上的每一块“砖”牢不可破，智慧城市的“城墙”才能固若金汤。

从单口径到全域化

值得我们注意的是，智慧城市的安全建设一定是一件全口径的事，这样才能避免单口径系统造成的数据假象和信息茧房现象。

中国人民大学教授彭兰认为，智慧城市生态下的各个系统都隐藏着招致假象的风险，包括数据样本偏差带来的“以偏概全”、数据分析模型偏差带来的方向性错误、“脏数据”带来的系统污染、数据挖掘和解读能力不足带来的结论误差等。

曾有媒体指出，部分地方智慧政务平台存在购买注册用户、刷下载量、刷评论等数据污染行为，以“制造繁荣”来满足行政绩效考核，这些虚假数据会引发管理者的认知偏差，有损公共决策的精度水准，有进而引发“蝴蝶效应”的风险。

智慧城市进行顶层设计及统筹布局的能力，是决定智慧城市建设成败的关键，而在顶层设计中不考虑信息安全，是导致智慧城市频出安全问题的关键。美国国家安全局出台的《信息保障技术框架》（IATF）指出，智慧城市必须从应用和数据的价值中识别相应的风险，根据这些风险确定人的安全需求，根据安全需求制定相应的总体安全策略，并在系统的各层面执行该策略。

制订科学且有针对性的智慧城市信息安全设计和规划，是决定智慧城市整体有序发展的关键因素。同时，我们还应该认识到，智慧城市安全体系建设是一个不断成熟、不断修正的过程。

新冠肺炎疫情以来，“健康码”成为我国疫情防控的一道防火墙，但是最初的健康码只会显示个人去过哪些城市，无法跟踪其去过的具体场所。如何提高行程监控的精准度，进而提高追溯排查效率呢？

2022年，包括重庆在内的多个城市推出“场所码”，这是针对学校、医院、景区与商场等重点场所生成的专用二维码，实现对出入相应场所人员的自动化登记，同时核验出入该场所人员的健康信息。以重庆为例，重庆的“场所码”是“渝康码”系统提供的一种场所登记小程序。“场所码”采集的所有个人信息均在基于国家电子政务外网的政务服务平台上存储和使用，通过“场所码”采集的信息经互联网实时单向传输到政务服务平台，不在微信、支付宝等互联网端口留存，有效保障了用户隐私。同时，“场所码”系统须符合国家“健康码”标准建设规范，并通过信息安全三级等级保护测评。

智慧城市平台存储着国家、政府、城市、个人等的核心数据资产，安全体系在业务纵线上实行融合共享，在生态横向上又该如何搭建呢？

美国圣地亚哥被誉为“网络安全的示范城市”。这座城市经常遭遇网络攻击事件。为了应对城市安全，圣地亚哥政府部门出台了统一的政策框架，打造城市级大数据态势感知安全运营平台，建立起覆盖云、网、数、端的一体化安全体系，结合先进的智慧城市安全治理模型和相关法律法规，充分发挥智慧城市各安全功能模块协同工作的能力。

过去，圣地亚哥平均每月都有200台城市设备遭受网络病毒感染，每台设备的损失高达600美元。自2016年部署了一体化安全体系，遭受网络病毒感染的设备下降到平均每月35台，为这个城市减少了经济损失。

新型智慧城市生态日益庞大且复杂，其安全建设必然要从单口径走向全域化。需要强调的是，在智慧城市数据驱动、网络空间与物理空间交织的背景下，我们对安全的认知和解读重心应该从“安全内容的界定”转移到“安全权利的规范”，从安全范围的“有限边界”转移到“无限边界”，从“静态化”安全认定转移到“动态化”安全判定。

维护智慧城市安全的关键，就是处理好“聪明”和“脆弱”的关系。

第四节
城市 IP：智慧城市的个性化方法论

城市就像雪花，而雪花没有一片是相同的。

放眼观察全球各地的智慧城市运动，有的通过推行智慧交通改善城市拥堵，有的通过打造智能制造推动工业发展，有的呼吁低碳节能促进生态环境改善……各智慧城市均表现出自己的性格和特色，并在其建设与管理中催生出城市 IP 独有的魅力。

然而，在智慧城市建设和管理中，我们如果忽略城市文明、规模和定位等实际问题，过度追求 IT 基础设施普及率等“智慧”指标，片面采取工程学层次的顶级设计……就容易陷入城市智慧化的误区。

世界上没有统一的智慧城市标准，在经济一体化的大趋势下，特色化城市将在未来经济大盘中占据有利位置，城市专业化的趋势也将日益明显。这一切，都需要一个切实可行的智慧城市 IP 方法论的指导。

城市 IP 就是城市性格

在谈智慧城市 IP 之前，我们需要先谈一谈城市 IP。

IP 最早是知识产权的意思，但现在它的适用范围更广，表示一种可持续开发出价值的符号、品牌或内容，表现出多层次、多元化、跨产业、跨业态的特征。

在 20 世纪，迪士尼最早提出 IP 和 IP 经济，用以应对内容产业的一次性变现困境。以动画片起家的迪士尼，当时依靠手绘来完成动画片制作，其销售转化也只靠电视台的播放量。具备创意的内容产品被当作工业产品售卖，因而无法持续产生价值。迪士尼乐园就是在这一背景下应运而生的。基于顾客与迪士尼动画片的情感连接，迪士尼乐园开发出表演、游乐场、餐饮住宿、玩家周边等新的内容产品，IP 第一次让内容创意产业开发呈现出巨大的想象空间。

反观我们的城市，它是人类最伟大的创造，也是人类社会进入文明时代的鲜明标志。结合 IP 的内涵，我们可以给城市 IP 下一个定义：它是基于城市特色创造出的个性化形象，主体延展性好，能衍生大量周边产品和关联产业。城市 IP 是城市特色元素的凝练，打造城市 IP 就是构建城市级文化创意生态。每个城市都有自己的个性，都具备打造城市 IP 的基础条件。

2022 年 1 月，我国贵州省贵阳市发布“爽爽贵阳”3.0 时代城市 IP，围绕“爽身、爽心、爽眼、爽口、爽购、爽游”进行内容宣传。这是自 2007 年提出“爽爽贵阳”以来，贵阳在城市 IP 方面的进一步升级，进一步突出了城市的自然人文亮点。

近年来，贵阳市借助优良的生态环境、凉爽的自然气候，以及丰富的电力资源，大力推动大数据赋能传统产业，在“爽爽贵阳”的城市 IP 之下，打造出一张“中国数谷”的产业新名片。比如，在“大数据 + 农业”方面，贵阳市先后在精品水果、茶叶生产基地试点部署环境实时监测系统，建成“果蔬生产管理信息服务平台”，打造出种植、管理、加工、销售的智慧农业全产业链；在“大数据 + 工业”方面，贵阳市采取“千企改造”“万企融合”等一系列行动，推动传统企业应用工业互联网、大数据、云计算和 AI 视觉识别技术，实现销售订单、物资采购、物流运输等过程的数字化转型；在“大数据 + 城管”方面，贵阳市加快建设“污染监督一张网、环境管理一张图、生态环境一本账”，不断提升生态文明建设的智能化水平。

如今，贵阳市依托“爽爽贵阳”的城市 IP 和“中国数谷”的产业 IP，已经发展成为全国重要的数据中心集聚区。2020 年，贵阳市数字经济增加值达 1649 亿元，同比增长 10.8%，占地区生产总值比重为 38.2%，已经成为驱动当地经济发展的新引擎。

城市 IP 就是城市的性格，而文化与精神是城市 IP 的灵魂之源。作为城市的高级形态——智慧城市的 IP 既离不开城市的传统文化，也需要有温度的科技色彩。对于智慧城市 IP，科技是其表达形式，会增强城市的地域辨识度。另外，智慧城市打造 IP 具有时间连接性，无论智慧城市打上的是如“智慧交通”“节能住宅”“智造小镇”等的哪一种标签，其都应能关联起人们对过去城市文化的记忆与经验，同时这些记忆与经验需要在新的文化语境中重新表达。也就是说，智慧城市 IP 既要拥有感性觉知上的亲和力，也要拥有理性解读上的信息量。

没有特色就没有“智慧”

特色化是城市发展的重要智慧，更是智慧城市 IP 的灵魂。

城市有特色才能够互补，组合起来才会产生更高的效率，而同构的城市只能引起过度竞争，从而带来“千城一面”的负面效应，难以组织成更有活力的区域经济。在智慧城市建设方面，西方城市和我国城市的诉求不同，因为西方城市的城镇化和工业化早已完成，而我国正在经历工业化、农业现代化、城镇化和信息化，“四化”叠加发展的背景让我国智慧城市形式呈现出有别于西方的特色。

● 重庆夜景

目前我国智慧城市有三种特色形式。

第一种形式，以大型城市为代表的全面智慧发展型。这些城市具有城市规模大、经济实力较强、信息化水平领先的特点，涉及数字产业发展、技术研发、智能应用、环境构建和信息基础设施建设等领域。

以重庆为例。近年来，重庆倾力打造“智造重镇”，建设“智慧名城”，在优化完善“芯屏器核网”全产业链、“云联数算用”全要素集群、“住业游乐购”全场景集的同时，加大了对网红城市 IP 的智慧化应用。在洪崖洞景区，网络直播摄像头、热力地图、智能广播等一系列“黑科技”，大幅提升了景区的智慧化服务与管理水平；在长江索道景区，预约票务系统和排号分流系统将根据实时游客预约数量，科学合理地调控预约时间段及票务数量，最大化提升游客的体验好感度；通过短视频的直观视觉，呈现重庆的另一面：赛博朋克、8D 立体、轻轨入户、波浪形公路等，魔幻景观也成为重庆独特的城市 IP。

第二种形式，以东南沿海地区发达城市为主的优势产业拉动型。

这些城市具有区位、人才、产业链等方面的优势，通过智慧城市建设可以拉动当地特色产业发展。

深圳是我国电子信息产业的重镇。北京睿呈时代信息科技有限公司（简称“睿呈时代”）在成为华为生态伙伴之前，只是一家能源领域全息化解决方案提供商，做的是传统软件的事情。2019 年深圳政府携手华为共建“鹏城智能体”，引导低端电子产业向智能产业转型，并在“网、云、脑、数”等方面向相关企业开放需求。睿呈时代抓住机会，和华为一起合作开发智慧城市运营中心（IOC）。智慧城市运营中心（IOC）成为“鹏城智能体”的核心应用，睿呈时代也因此转型为国内领先的数据孪生技术服务商。

第三种形式，以中小型城市为主的稳步发展跟进型，这些城市以信息基础设施应用的智慧化提升和建设作为智慧城市的重点任务。

位于我国广东省佛山市顺德区东北部的北滘镇，是国家住房和城乡建设部公布的中国第一批特色小镇。2019 年北滘启动“5G 智慧小城”建设，围绕北滘潭州会展中心主团、美的创新中心、库卡机器人主团、碧桂园总部及博智林机器人等建设基础设施，发展 5G 与云计算等智能技术的融合，在工业制造领域开展工业云平台、视频监控、无线厂房和柔性生产等产业应用，围绕“5G+ 村居”“5G+ 交通”“5G+ 教育”“5G+ 医疗”和“5G+ 旅游”开展工作，提升城市治理水平。

结合上述案例我们可以看到，我国智慧城市的三种形式与城市本身的人文、历史、经济、地貌等因素息息相关，不能脱离城市基因去发展智慧城市。同时，在区域经济合作、国内经济合作、经济全球化的大格局下，对于智慧城市而言，选好在全球智慧城市建设大潮中的定位非常关键。

消除城市的“智慧误区”

在过去漫长的城市发展历程中，人类在物理空间上构建起居民区、街道、医院、学校、公共绿地、写字楼和商业卖场等多种功能区。而建设智慧城市就是在钢筋混凝土之间重构信息、空间、组织。然而，在这一过程中，我们应该如何摆脱技术标准的局限，挖掘到城市的独特 IP 呢?

有人认为，智慧城市建设是存在标准的，比如智能手机、5G 网络、大数据、云计算等 IT 基础设施的普及率，又如“新型基础设施 + 城市大脑 +*N* 个应用”的技术框架搭建。而我们必须清醒地意识到，这些标准并不代表最终的城市智慧；并且过分强调以信息技术应用作为标准，容易导致智慧城市的建设者追求虚幻的“智慧指标”，忽略已有的城市智慧。

事实上，先进性技术与城市智慧是两个不同的概念。前者只是人类历史上某个瞬间的产物，产生得快，淘汰得也快；而后者通常是人类千百年积累的知识和经验，能够打破时空限制，在智慧城市建设中发挥积极的作用。

例如，建成时间超过 600 年的北京故宫，其排水方法包含了我国古代工匠的智慧，比如，利用北高南低的地势，中间高、四周低的建筑群分布，以及坡屋顶和纵横交错的地下排水系统，让城内的水顺利排出，故宫因此很少遭受水患。这些措施仍能为智慧城市防汛提供有益的参考。

同样的，远在地球另一端的布宜诺斯艾利斯（阿根廷首都），这座始建于 16 世纪的城市，由于建在河流入海口而深受洪涝影响。过去，阿根廷人在这里修砌了大量排水沟，派专人负责定期清理沟壑，这些排水沟起到了至关重要的抗洪作用。2013 年以来，布宜诺斯艾利斯政府借鉴前人智慧，开启了“智慧排水管道计划”，通过数字化技术改造了 3 万条排水管道，利用传感器和物联网实现实时监控、迅速响应处理，创造了城市三天暴雨零积水的奇迹。

才诞生十几年的新一代信息技术就像一个婴儿，而城市早已是一个成人，以婴儿的观点来评价成人的智慧是欠妥的。敬畏与遵循已有的城市智慧是智慧城市规划者应有的态度，也是智慧城市建设取得成功的必要因素，更是挖掘智慧城市 IP 的必要条件。

同样的，仅用工程学层次的顶层设计方法来设计智慧城市，也容易陷入一个本末倒置的误区。

顶层设计原是信息工程中形成的设计方法，强调自上而下地设计系统，统筹考虑各层次、各要素，从全局的角度寻求解决问题的办法。诚然，智慧城市的顶层设计很重要，但是我们要注意避开刻板的工程设计思维，在智慧城市建设与管理中选择“做什么”不是靠逻辑推理，而是靠价值评估进行有风险的判断。城市的发展会涉及很多不确定因素，如技术的迭代、需求的变化、人文的融合、产业的兴替等，这些都要求在智慧城市建设与管理中要突破思维局限进行综合考虑。

比如智慧养老问题，过去多数项目的顶层设计就是在一个框架下，从管理者的角度来堆砌信息设备，往往忽略了老人们的真实感受和需求，容易造成数字鸿沟甚至遭遇“人与机器的矛盾”。

有这样一个例子。按照工程学层次的顶层设计思路，及时监测独居老人的健康安全，会通过配备智能手环、摄像头等设备来实现。然而，用智能手环，老人易丢失且容易忘记佩戴；用摄像头则侵犯老人隐私。如何解决这个问题呢？来自华为的智慧水表项目就是很好的范例。华为与中国电信联手，在水表中预先插入物联网卡，只要水表计数在 12 小时内没有达到 0.01 立方米，系统就会自动发出预警信息，提醒工作人员上门查看独居老人是否需要帮助，这样的智慧设计成本不高却效果明显。

如何消除智慧城市建设与管理中的“智慧误区”呢？这需要我们

进一步提高对智慧城市的认知。

我们须要明白，智慧城市不存在工程学标准。这是因为智慧城市的顶层设计，是面对不确定性环境的决策。我们在制定城市定位、发展方向和执行思路时，既不能完全依靠已有数据进行逻辑推理，也不能抛弃城市历史留存下来的智慧，这些都是对决策者的视野、经验与阅历的考验。

从信息科学的理论来看，所有的信息系统都包含着人的组织，以及设备、软件与数据的组织。即使没有用到信息技术，城市智慧也是组织优化的智慧。同样的，智慧城市 IP 不是无中生有，它的打造也是一个组织优化的过程。如果把智慧城市的运营比喻成一台工作的机器，那么智慧城市 IP 就像是机器传动的链条，通过传感器、软件系统、网络设施、数据通道和产业聚集等，在城市流动中实现政府关心、市民认同、产业兴旺的共赢局面。

在打造智慧城市 IP 的过程中，我们应当明确：智慧城市 IP 被赋予了重要意义，它既是科技和人文的高度概括，又是强大的生产力和驱动力，更是城市历史的记忆载体。

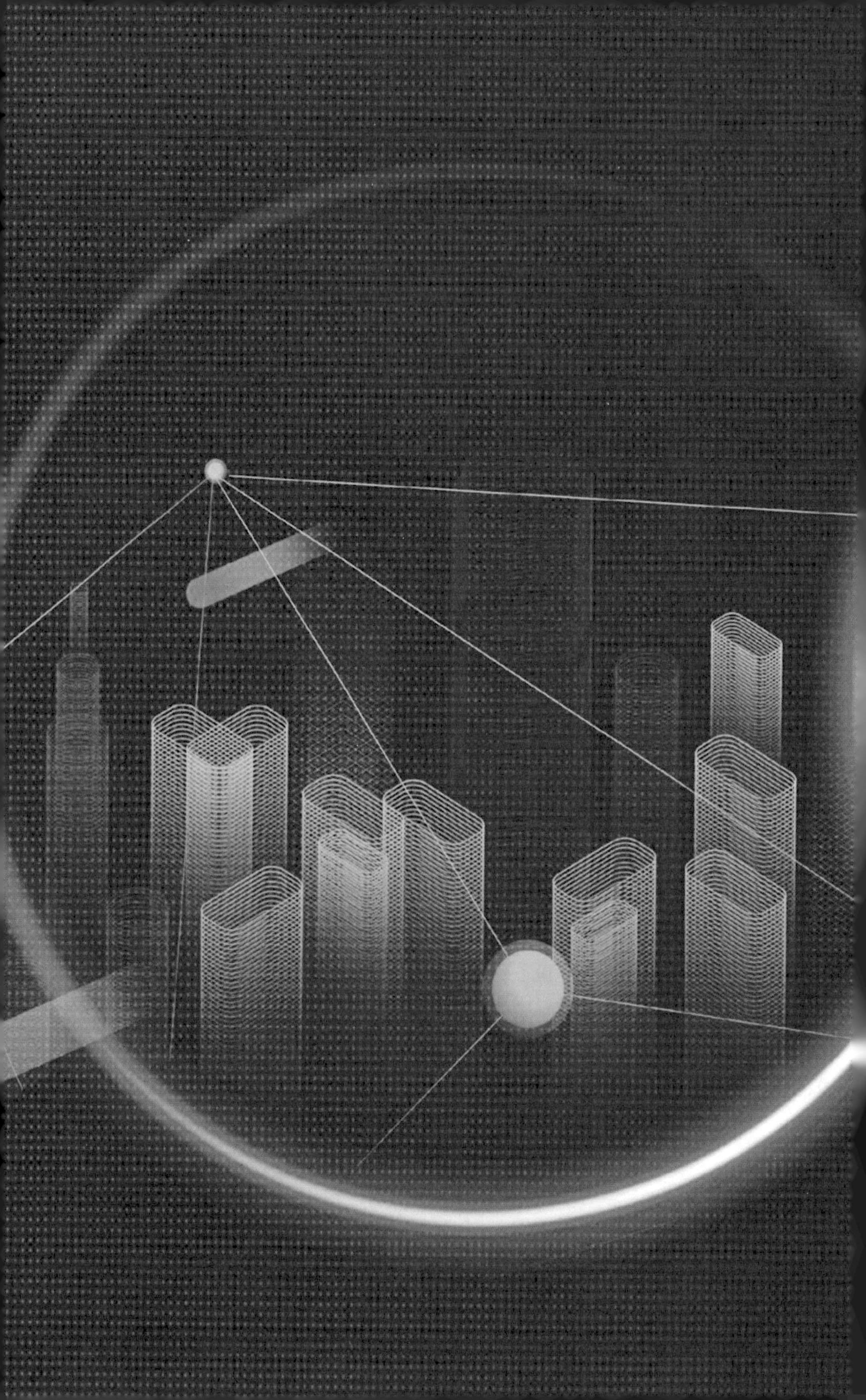

第二章

破解政府数字难题

第一节
城市运营：综合治理下的韧性挑战

智慧城市是城市文明发展进程中的又一次范式转型。

前沿技术对城市秩序反复冲撞，试图寻找每一个可能嵌入的机会裂缝。在智慧的加持下，城市的综合品质、运行效率和居住质量加速提升，一切都在往更好的方向发展。但如果“智慧”成为一种新的偏执，一些问题就逐渐暴露出来，进而影响人们对智慧城市的期许。

最近几年，我们陆续看到智慧城市在突发情况下出现了一些问题。这些建构在科技底座上的城市设施，面对自然灾害等突发情况时，似乎比想象中更加脆弱。如何用“智慧”的办法让城市不那么脆弱？如何让智慧城市具备应对突发灾害的韧性？这是我们在构建智慧城市的过程中必须思考与解决的问题。

脆弱的城市巨系统

一直以来，智慧城市都被视为改善“大城市病”的良方，许多国家也将其视为未来城市发展的核心目标。

的确，打造智慧城市对于推进城市治理、经济发展和文化宣传具有非常重要的作用。我们通常将信息技术嵌入城市运营的流程之中，从而实现生产与生活的智能化、动态化和精准化，确保城市健康、高效运转。

然而，我们需要牢记的是，智慧城市本身是一个复杂巨系统。这个系统内部存在许多不可控与不确定因素，而且它们互相影响、彼此关联，甚至可能产生蝴蝶效应。这样一来，智慧城市会不可避免地表现出某种脆弱性。如何理解这种脆弱性呢？简单来说，就是智慧城市系统遭遇自然灾害等外部变量影响以及突发情况等内部变量作用时，因无法正常运转而停摆。

生活在现代城市中的人们几乎很难想象，如果“网络上的智慧城市”在一夜之间“断网”，变成孤岛，那么人们的生活将如何继续。

这样的事情曾发生在美国得克萨斯州。2021 年 2 月，一场巨大的暴风雪袭击当地。雪灾造成路面结冰、道路被封，引发大部分区域停电、停水、停暖气等伴生灾害，城市陷入“瘫痪”。在这场灾难中，多位居民因取暖不当而一氧化碳中毒身亡，还有居民因无法取暖而被冻死在屋内。令人唏嘘的是，多年以来，得克萨斯州的多个城市被评为美国智慧城市的先进标杆，在这场自然灾难面前却依旧停摆，被狠狠打了脸。

虽然不是每座城市都会遭遇特大雪灾这样的极端灾害，但诸如此类的深刻教训值得每一座城市警惕。在遭遇不幸的城市背后，我们总能看出一些趋同的端倪。

首先，智能化技术应用范围存在局限。大部分智慧城市建设工作由科技企业配合政府完成。为了彰显自身技术优势，企业往往倾向于选择某些基础较为完备的城市场景，而缺乏通盘考虑。这导致企业智能化技术的应用与推广和社会利益之间存在巨大的失衡。比如，科技企业更倾向于选择具有良好基础设施的区域开展项目建设，对一些老旧城区则“视而不见”。究其背后的原因，一方面是老旧城区智能化改造难度较高，建设周期较长；另一方面则是比起“雪中送炭”，“锦上添花”显然能够收获更多的品牌价值。

其次，智能化资源分配不均。分析许多国外的案例，我们可以发现，智慧城市的应用在居民住宅场景中存在非常大的差异。少部分高档社区中各种智能设施一应俱全（比如比尔·盖茨的智能豪宅），业主仿佛置身科幻电影的场景中；而大部分普通住宅却年久失修，看不到智能化改造的痕迹。这种智能化资源分配不均的状况，导致这些智慧城市一旦遭遇严重灾害，便容易发生难以预估的事故。

最后，存在唯智能化论的偏执思想。如今智慧城市建设如火如荼，似乎每个城市都想将自己打扮成“智慧的模样”。但我们须要知道的是，“智慧”并不是城市建设的唯一手段，它所能解答的，只是城市的一部分问题。想通过数字化手段解决城市的全部问题，是非常不现实的。一些困扰城市多年的顽疾，既需要智能化的解决方案，又需要传统手段的干预。

● 智能家居将惠及更多居民

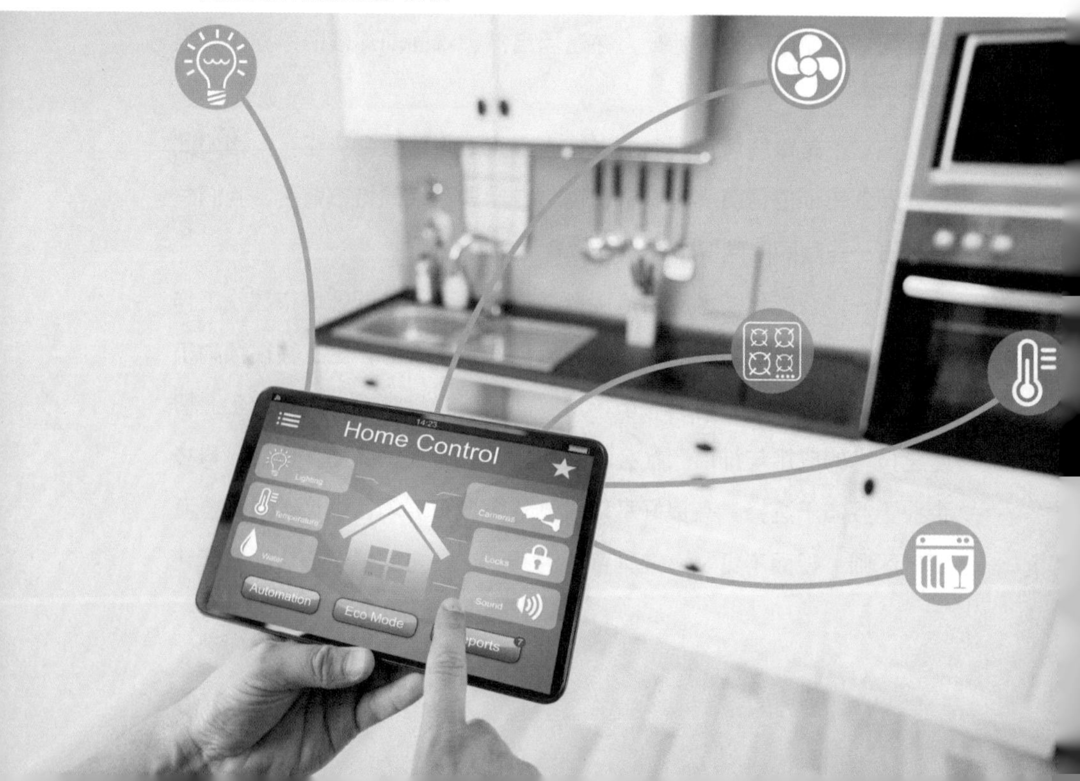

从“智慧”向“韧性”升级

从严格意义上来说，“韧性城市”并不是一个新奇的词汇。

1986 年，德国社会学家乌尔里希·贝克提出了“风险社会”这一概念。在贝克看来，人类所面对的风险开始由局部转变为全球、由个体性转变为社会性、由单一转变为多重，人类社会需要创新风险治理模式，将以往自上而下的管理模式与自下而上的社会参与过程整合。而“韧性城市”这一概念的提出，正是为了解决风险社会中可能出现的问题。

21 世纪，“韧性城市”一词开始出现在公共卫生安全保障、恐怖袭击防范和重大事故管理等多个领域。2020 年，党的十九届五中全会正式将建设韧性城市升格为我国国家战略，明确了韧性城市在城市发展中的重要地位。

那么，韧性城市和智慧城市之间到底有什么关系呢?

我们所熟知的智慧城市，是指使用智能化技术来感知和分析城市运行中的各种关键信息，能对社会治理、政府服务和市场活动等需求及时做出响应的城市。而韧性城市则是指能够抵御和化解外界的灾害或冲击，确保城市功能不受太大影响并能够快速恢复的城市。

仅从定义上看，两者没有太多的联系，但结合城市的运行方式，我们可以找到它们之间的关系。

正常情况下，智慧城市的各类智能基础设施可以实现对城市状态的感知和精细化管理；而在灾害发生时，则可以实现感知灾情、远程应急指挥、快速调度资源，以及灾后快速恢复的闭环管理。随着智慧城市的不断发展，城市防灾管理更加智慧化，应急决策更加科学，城市面对灾害风险的韧性也将大幅提升。

简而言之，“智慧”包含“韧性”，“韧性”则是“智慧”在物质世界的一种体现。虽然“智慧城市”和“韧性城市”这两个概念提出的背景和目的存在差异，但近年来，随着疫情、自然灾害等风险事件在全球频发，韧性城市和智慧城市开始出现相互融合的迹象。

两者的第一个融合点，在于时间维度上的“松紧结合”。智慧城市负责城市日常运行的精细化管理，韧性城市负责提升城市抵御灾害的能力。将两者的运行和管理有机结合，能够打造出一个兼具“智慧”和“韧性”的未来城市。

两者的第二个融合点，在于空间维度上的“软硬结合”。一方面，智慧城市建设所打造的新型基础设施可以为韧性城市所用，精细化地触及城市的所有数据；另一方面，韧性城市建设所带来的抗风险能力提升和数据更新效应，又可以反哺智慧城市的数据治理与应用能力。

为防控新冠肺炎疫情而推出的“健康码”就是一个“智慧”与“韧性”结合的应用案例。

2020 年 2 月初，我国正处于新冠肺炎疫情防控的关键时期，为了保证重点行业复工复产的有序进行，急需一款能够识别疫情风险的工具。杭州地区提出一个想法——研制一种“健康码”，记录每个人到过哪里、接触过哪些人群，分析其是否有感染新冠病毒的可能性，从而将风险降到最低。

技术团队很快将“健康码”变为现实。它以智能手机为载体，整合身份信息、运营商信息和地理位置信息等重要数据，通过红、黄、绿三种颜色将高、中、低风险人群区分开。“健康码”极大地缓解了杭州的防疫压力，让基层工作人员有更多的精力投入其他防疫工作中，也在无形中提高了城市抗疫的“韧性”。正因如此，“健康码”很快推广至全国，在我国的防疫工作中产生了巨大的积极作用。

小切口，大作用，“四两拨千斤”的“健康码”，无疑是智慧城市“智慧 + 韧性”的典型应用。未来，势必会有更多类似的融合型应用出现在我们的智慧城市中。

用“智慧 + 韧性”重塑城市明天

“智慧 + 韧性”已经成为未来智慧城市建设的主基调。与此前单一强调“智慧”不同，一座城市要兼顾智慧与韧性，就需要城市规划者具有更高的布局站位与更长远的规划眼光。

在传统视角下，智慧城市建设的更新周期可能只有 3~5 年，而兼具韧性的智慧城市则需要拉长周期——可能是 10 年，也可能是 30 年。究其核心，“智慧 + 韧性”城市的打造并不在于具体设施如何建设，而在于在顶层设计时如何考量投入和收益，以及（更为重要的）一座城市的文化传承。

多年的城市发展经验告诉我们，城市是一个有机且动态的生命体，它每时每刻都在生长和变化，没有哪一套智慧系统能够一劳永逸地彻底解决城市问题。过去，我们通过智慧城市建设，确实解决了一些棘手的问题，使得城市社会的运转效率更高，交通拥堵情况有所改善，大众生活更加便捷。如今，新的诉求不断产生。生态环保、社会公平、人文关怀和文化娱乐等要素，逐渐成为与运转效率同等重要的考量指标。大量的现代科技手段并不能解决这些精神层面的诉求。

正是基于这样的背景，我们须要重新思考未来智慧城市的建设方案。借助“韧性”这一概念，我们得以重新审视智慧城市。我们可将建设兼具韧性的智慧城市作为契机，提升现有的城市基础设施系统，使城市在未来的不确定中保持健康、良好的运转态势。与此同时，可以将智慧和韧性的有效融合作为基础，结合城市日常治理中的实际问题与需求，将理念和目标体现在长期规划之中。

在这一点上，一份 2022 年的我国地方两会提案《关于以智慧城市建设增强城市韧性的建议》有一定参考价值。

提案除了阐述“智慧 + 韧性”的理念，要求加强城市感知能力和完善应急管理平台，还提出了规划留白、基础设施冗余设计、生命线补短板和社会认知参与共四个重点内容。

顾名思义，“规划留白”是指保留一部分必要的城市空白区域，城市一旦遭遇重大灾害，能够利用空白区域新建一批避难场所。这些空白区域必须拥有较为完备的水电气保障，且尽量靠近城市核心区域，方便输送物资和照顾伤病人员。

“基础设施冗余设计”则是指在会展或体育中心、商务宾馆、学校医院等公共空间的单体规划设计与更新改造中，不要单一考虑提升空间的智能化水平，还要充分兼顾空间的多样性。当面临重大疫情等风险时，能够实现快速新建空间或存量空间的功能转换，以公共空间的韧性保障城市安全度过危机。

“生命线补短板”同样值得注意，它是对所有存量生命线工程系统如城市供排水、供气系统，通信系统和电力系统等，进行全方位的大排查，并形成统一的风险隐患清单，及时消除各类风险隐患。特别要针对一些老旧小区，探查其潜在风险点，全面更新和升级陈旧的自来水、电力和天然气等管网设施。此外，还要及时开发关于“城市生命线系统”的数字感知预警系统，实时监控城市系统运行中的风险点。

最后，也是最重要的内容，是“社会认知参与”。目前绝大部分老百姓对智慧城市并没有深刻的了解，部分人可能从媒体上听过一些专有名词，整体认知仍较为滞后。我们须要知道的是，在一定程度上，公众对智慧城市的认知能力会直接影响智慧城市最终的建设效果。只有让公众深入了解且参与到智慧城市的建设中，城市才能更具智慧与韧性。

总的来说，在智慧城市建设步入深水区的当下，如何将“智慧”与“韧性”有效地进行融合与统一，已经成为对城市建设与管理者来说最为重要的命题。这无疑需要城市各级政府和主管部门及时应对新的发展需求，灵活使用大数据、物联网和人工智能等智能化技术，结合城市的实际情况，找到与之相匹配的实施路径。

第二节
模式演化：从独舞到搭台唱戏

谈及智慧城市建设，其商业模式注定是一个绕不开的话题。

智慧城市建设涵盖了城市建设的方方面面，每一个细分领域单独拿出来看，都是复杂而庞大的系统工程。因此，想要高效率推进智慧城市建设进程，智慧城市除了要有完善的顶层设计，还要有健全的商业模式。

众所周知，商业模式是指一个完整的产品、服务和信息流体系，包括每一个参与者在其中所起的作用，以及每一个参与者的潜在利益、收入来源和收入方式。对于智慧城市建设而言，商业模式的运行便是一个围绕政府、企业和产业的多方协作过程。

那么，智慧城市建设究竟有哪些商业模式？这些商业模式经历了怎样的实践检验与更新迭代？我们又应该如何正确选择智慧城市建设的商业模式？

路径：顺序与逆序的抉择

在探讨商业模式之前，我们须要先厘清智慧城市建设的路径。

对于不同的城市来说，由于对智慧城市概念和内涵的理解存在差异，其必然会采取不同的建设路径。而不同的建设路径会对后期的智慧城市商业模式造成不同的影响。

当前，智慧城市建设的路径主要可以归纳为两种，即顺序路径与逆序路径。

顺序路径衍生于 IBM 公司提出的“智慧地球”概念。IBM 公司的定义逻辑是，通过“从物联化，到互联化，再到智能化”的递进演变方式，城市的物理、信息、社会和商业基础得以链接，最终将城市从上到下地建设成为全系统化的智慧城市。

早期，IBM 公司的这套智慧城市建设路径获得了许多城市的青睐，我国广东省深圳市便是其中之一。

在“十二五”时期，深圳提出了建设“智慧深圳”的目标，并制订了《智慧深圳规划纲要（2011—2020 年）》。在随后的 9 年内，深圳通过政府主导的方式，逐步打造出具有深圳特色的智慧城市样板。不管是令人瞩目的网络覆盖率和覆盖速率，还是遍布全市的智能综合管理平台，抑或是稳步增长的数字经济产业，都是深圳在智慧城市建设过程中的成果见证。

按照《智慧深圳规划纲要（2011—2020 年）》，深圳将智慧城市建设分为基础网络、公共服务、信息安全、产业培育和重点工程五项重要任务，在起步阶段便涵盖了智慧城市建设的绝大部分内容。在这个大而全的顶层设计下，深圳的信息基础设施建设得以快速推动，智慧应用方面也实现了大面积普及，交通、医疗、市政、环境、物流和教育等公共领域都实现了信息化管理，有力地支撑了深圳城市治理的精细化、科学化和智能化。2019 年，在《2018—2019 中国新型智慧城市建设与发展综合影响力评估结果通报》中，深圳在“中国新型智慧城市建设与发展综合影响力评估排名（直辖市、计划单列市及副省级城市）”中名列第二。

在深圳以顺序路径建设智慧城市的初期，也存在一些问题。比如，深圳智慧城市建设主要满足政府部门的业务需求，在满足社会、产业、民生等其他需求方面难免欠缺，尤其是存在市级服务平台重复建设的现象，政务服务终端较为分散。随着智慧城市建设的逐步推进，深圳在 2018 年发布《新型智慧城市建设总体方案》，将提升民生服务和城市治理能力作为核心，聚焦于解决城市的核心问题，强调“一体化”建设原则，将智慧城市建设提到了一个新的高度。

说完顺序路径，让我们再来看看逆序路径。

通过前文，我们已经了解了顺序路径自上而下的特点，而与之相对应的，就是自下而上的逆序路径。高德纳在 2011 年给出智慧城市的新定义，提出智慧城市的建设目标为城市可持续发展，重点为搭建智慧治理运营框架，并采用促进信息在不同系统间顺畅流动的方法，实现效率提升。

在高德纳的定义逻辑下，在决定建设智慧城市时，规划者需要先找出影响城市发展的关键问题，再整合城市数据，通过市场主体的参与解决这些问题。可见，逆序路径以城市需求为导向，采用自下而上的方式推动智慧城市建设，并着重突出城市数据的核心价值。

英国伦敦是以逆序路径进行智慧城市建设的代表。2013 年起，伦敦相继出台“智慧伦敦计划”和“共建智慧城市”两个规划。前者明确了伦敦智慧城市建设的初衷，即把新兴智能技术带来的机遇融入城市发展中，应对人口增长带来的挑战。后者则围绕提升市民生活质量这个核心，从开放城市数据、提高城市透明度、提升城市管理效率、加大市民参与度四个方面推进智慧伦敦的建设。

经过多年建设，伦敦的智慧城市建设收获了三大成效：首先，数据产业优势逐步形成，自 2013 年起信息技术产业逐步取代传统的金融和保险业，逐渐成为伦敦就业人数最多的行业之一（根据 2017 年统计数据）。其次，城市数据的战略成效开始显现，其打造的伦敦数据库（London Datastore）已经成为面向市民的重要公共服务平台。

最后，市民的数字化技能不断提高，通过“市长基金”的资助，许多年轻人得以学习数字技术，进入数字领域就业。

最值得提及的，要数伦敦推出的伦敦数据库应用。它提供了 700 多个数据集，涵盖艺术、文化、商业、人口和教育等 17 个领域的服务，能够通过免费的、统一的应用程序接口为开发人员提供 80 多种数据资源，每个月服务的用户人数高达 7 万。在这一数据平台的支持下，市民可以方便地享受政府提供的公共服务。例如，家长可以查询学校的教学质量评估结果，帮助孩子选择合适的学校；购房者可以查询精确的二手房历史成交价格，避免遭遇价格欺诈。

伦敦的逆序路径模式同样存在问题。目前，伦敦尚未实现“平台城市”的愿景，甚至在政府系统内部都还没有形成可进行数据共享和业务协同的统一平台，导致政府的行政效率不高。此外，由于伦敦市场规模较小，智慧城市的许多相关产品规划难以做到持续和专注，多看重短期利益。

深圳和伦敦两个世界级城市在智慧城市建设这条道路上，做出了截然不同的选择，其利弊相生的结果也给后来的城市提供了宝贵的建设与管理经验。

模式：政府、企业和资本三方协作

一直以来，商业模式都是困扰智慧城市建设发展的最大问题。

我国工信部牵头发布的《数字孪生应用白皮书》预测，到 2023 年我国的新型智慧城市市场规模将达到 1.3 万亿元。在这块巨大的蛋糕面前，无论是政府还是企业都在试图探索合理的合作分配方式，其难点在于确定参与方的身份，框定权、责、利的范畴。

早期的智慧城市建设多采用政府独资的方式，美国得克萨斯州的科珀斯克里斯蒂“无线城市”项目就是一个极具代表性的例子。2002年，得克萨斯州政府在科珀斯克里斯蒂投资了 710 万美元部署 Wi-Fi 网络，主要用于搜集城市相关数据，并提升政府服务效率。当地政府近乎包揽了底层基础设施平台的建设工作以及后期全部的运营和维护工作。

这种包揽式的商业模式，使政府能够对智慧城市拥有绝对的控制权，但后期运营会随着当地财政收支情况变化而发生改变。一旦财政收入降低，城市后期的运营、推广和维护便会受到较大的影响。此后，得克萨斯州也确实出现了这样的问题。由于财政紧张，这套“无线城市”系统不得不外包给企业进行维护，而接手的企业也因高昂的运营成本而承受了巨大的资金压力。

正是看到了政府主导模式的种种问题，后来的智慧城市项目开始转向我们所熟知的 PPP 模式。

PPP 模式是指政府和社会资本合作，让私营企业和民营资本参与到公共基础设施的建设中来。在项目建设前期，政府和企业共同出资，当项目建成后，双方共同进行运营维护，企业可以拿到属于自己的运营收益。

当然，考虑到建设回报周期和城市发展要求，企业获取收益的时间并不是无限的。所以，在 PPP 模式的基础上，又衍生出 BOT 模式，即企业负责前期建设，并被允许在固定周期内获得经营权，到期后将项目所有权转让给政府。

BOT 模式的成功案例之一是我国台湾地区的“无线台北”项目。统一安源公司在 2004 年拿下“无线台北”项目竞标，并在 2 年时间里在台北市搭建了 4000 多个无线接入点，有效覆盖台北市近 95% 的人口。在之后 9 年的运营时间里，统一安源公司通过向用户收取网络接入服务费的方式，探索出一条商业路径。

除了 BOT 模式之外，政府购买服务模式也是智慧城市建设的另一种探索。

对于综合性较强、投资金额较大且维护困难的智慧城市项目，可由实力雄厚的企业投资建设并负责运营维护，政府只需每年向其支付服务费用。这种模式尤其适合信息资源高度共享、业务部门互联互通的社会民生类项目（如城市数据中心、公共管理平台和惠企服务平台等）的建设与运营。

表面上，政府购买服务的模式有效减轻了财政资金的压力，也使政府的规划策略更加灵活，但它同样面临一些隐形的问题。一方面，由于市场需求的不确定性，企业在购买周期结束后，运营难以为继；另一方面，短期购买的方式不利于城市长期稳定协作，从而导致智慧城市建设难成体系。

当下，我国智慧城市建设方兴未艾，许多项目正处于建设中期，其商业模式的验证存在一定的滞后性。到底哪种商业模式比较合理、更适合我国国情，还需时间来回答。

问题：模糊不清的“智慧价值”

在我国，尽管智慧城市发展的大势已经明朗，但很多企业依然在场外保持着观望的态度。在现有的商业模式中，近期的成功案例较少。造成这种结果的原因，并非市场的热情不足，而是智慧城市发展到今天，当下的参与者们对其未来的商业价值依然看不清、摸不透。直白地说，就是参与者在智慧城市项目中找不到可以赚钱的“点”。

对于一些社会公益类智慧项目如智慧交通或智慧安防等，出于公共安全的考量，其无法用传统的互联网方式进行变现，也找不到可以参考的案例，所以企业很少愿意参与，也就谈不上政府所期望的“共建共营”。最后，这类项目大多只能采取由政府独资建设，或者向企业购买服务的方式来实现。

而对于一些赢利模式比较清晰的项目，如智慧停车和数字支付等，许多地方政府更倾向于成立独资公司进行建设和运营，并将项目收入留给当地财政，企业很难分享到项目的运营红利。

矛盾由此展开，一边是资金压力大，社会资本没有参与意愿的低赢利能力的公益项目；另一边则是社会资本参与意愿高，但缺少参与资格的高赢利能力的项目。这种需求和供给的错位，未来还将持续很长一段时间。

抛开市场错位的问题，庞大的资金投入也拦住了一大批想直接参与的资本和企业。我们知道，智慧城市建设项目涉及的要素非常多，往往单个项目就可能达到千万或亿级的建设规模，并且回报周期往往较大。在我国，除了腾讯、华为等部分大型企业和资本方，大多数中小企业难以单独承担起整个项目建设运营的资金，它们也就在无形中失去了直接参与智慧城市建设的话语权，只能承接大型企业的外包业务。

另一个影响智慧城市项目赢利的因素，来源于前期资金规划的合理性的缺失。

此前，由于大部分智慧城市建设项目资金都来源于当地财政，并不需要特别考虑成本收回的问题，项目建设与管理者自然就失去了将项目商业化的动力。在这些项目中，绝大部分资金划给了建设环节，用于后续运营和维护的所剩无几。这种“重建设轻运营”的方式，也导致项目在盈利方面举步维艰，即便后期由企业接手，也会因运营方式和权限的限制而难以为继。

存在的种种客观或主观问题，都在影响着智慧城市商业模式的探索。资本的逐利性决定了企业倘若无法看到直观的价值体现，这样的观望很有可能继续下去。

对政府而言，需要重新考量如何将智慧城市的发展红利精准地发放到市场中，与市场参与方共发展、共繁荣。而对于企业来说，也必须抛弃赚快钱的“一锤子买卖”思维，倾听、了解来自社会和政府的声音，充分将自身优势与城市的发展需求结合，与城市一同成长、壮大。

第三节
产城融合：城市与产业比翼齐飞

毫无疑问，智慧城市的发展绕不开“产城融合”。

在我国新型城镇化建设的背景下，我们必须意识到一个底层逻辑——城市的发展离不开产业的推动，产业的兴盛离不开城市的支撑，两者相互依存、相互促进。

智慧城市是充分运用先进的现代化信息技术，提高城市治理能力、现代化水平与人民生活水平，从而打造的一个以人为本、全面感知、泛在互联、智能处理和智慧响应的城市生命体。产城融合则是以产业升级为核心动力，以具有完善服务功能的城市为载体，以人的发展为最终目标，完成产业与城市的功能融合、空间整合和价值融合，从而实现以产促城、以城兴产、为人服务、产城人三元融合。

从这个角度看，与其说智慧城市是产城融合发展的创新空间，不如说产城融合是智慧城市发展的实施路径。然而，这种融合乍一看很简单，实现的过程却是“道阻且长”。城市的经济发展归根到底要依托产业实力的增长。如何提高产业治理效能，进一步提升城市资源配置的效率，则是智慧城市推进产城融合不得不解决的核心问题。

城市重启：以人为本的空间重塑

法兰克福处于莱茵河中部支流美因河的下游，是德国第五大城市。目前它拥有德国最大的航空枢纽和铁路枢纽，当地的证券交易所是世界最大的证券交易所之一，法兰克福大学是德国排名前列的国际顶尖高校。

然而，曾经的法兰克福在第二次世界大战中被摧毁了80%的建筑，几乎成为一片废墟，是战后重建和近年的智慧城市转型让这个城市发展成为现在德国乃至欧洲重要的交通、金融、文化、教育和贸易中心。

那么法兰克福是如何“重启”的呢？答案就是智慧城市的产城融合。

第二次世界大战以后，法兰克福成立了专门的机构，针对城市建设制订了长久的计划和定性目标，希望通过各种融资机制和商业模式来筹集资金，以政企合作的模式来建设城市。

这种创新模式的核心在于城市空间的规划，特别是在公共空间、建设用地和绿地景观等方面注重居住空间的融合——对城市商业区进行较大强度的开发，对人口密集度较高的居住区则保留了后续基础设施建设的空间。

在智慧城市建设上，法兰克福一方面建立了“法兰克福数字中心”，促进城市及都市区的数字化基础设施建设，通过功能网络将城市的产业、科技和公共机构联系起来；另一方面，在城市建设过程中注重“以人为本”，不断调研、了解并征求当地群众的意见，甚至进行真实体验模拟，以此为根据对各个智慧项目进行修改和完善，最后开展具体的实施建设。

同时，法兰克福注重绿色发展，通过对城市绿色空间和公园体系进行建设与完善，满足居民的高品质

生活需求。比如采取高端生物技术将垃圾转化为能源，降低二氧化碳排放，大大提高了城市环境质量，提升了居民的居住体验。

正是通过“以人为本”的城市空间设计，法兰克福的产业逐渐多元且高端化，吸引了大量高素质人才，最终发展成为宜居宜业的智慧新城。

分析法兰克福“城市重启”的过程，我们可以发现，这座智慧城市的空间重塑是在“以人为本”的产能创新驱动下实现的。只有将产能创新驱动作为城市发展的新动能，并以智慧城市总体规划和顶层设计为路径，关注人的需求与发展，才能针对性地解决城市转型升级的核心问题。我们应认识到，智慧城市建设不只是“信息化 + 城市建设”，而是一种创新经济社会发展模式。它的建设核心在于以下三个方面。

“以人为本”的法兰克福

首先，因地制宜，使产业向高端化转型。每个智慧城市的特色产业和支柱产业不同，要综合考虑城市的生产要素、支撑条件和需求，合理确定城市的产业发展和集聚策略。只有因地制宜地实行产业高端化策略，才能在城市空间和功能等多方面促进产城一体化发展。

其次，规划先行，合理安排城市空间。智慧城市建设是在原有城市结构的基础上实现城市的信息化、智能化，所以调节和优化城市空间结构，实现产业功能、居住功能和生态功能的复合式融合，并在融合中实现资源的整合和高效利用，就显得尤为重要。

最后，也是最重要的，以人为本，坚持城市可持续发展。城市发展的最终目的是服务人民，在城市建设和产业发展中关注民生问题，可以在一定程度上提高产业的附加值；同时，保护和优化城市生态环境，提升城市服务能力，打造有城市特色的人文情怀标签，是智慧城市建设的重要目标。

产业社区：产业园区的智慧进化

产业园区作为区域经济发展、产业调整和升级的重要空间聚集形式，担负着聚合创新资源、培育新兴产业、推动城市化建设等一系列重要使命。因此，在智慧城市的产城融合体系中，产业园区的智慧化转型是重中之重。

我们可以看到，虽然有部分地区的产业园区已经开始投身于智慧园区建设，但其中始终存在一系列问题：园区信息化建设和管理水平参差不齐；功能条块分割、缺乏统筹规划；园区信息化管理体系尚不成熟，信息化意识不强等。最根本的问题是，传统的产业园区普遍注重生产功能，忽略生活和生态功能，这就导致了产业发展与城市发展相对割裂，产业园区中的要素与外界无法进行充分关联和融合，使产业园区变成了一个相对封闭和独立的个体，无法向更高级的形态发展。

为了进一步实现智慧化升级，产业园区不得不迈向更高的阶段——产业社区，以“用户至上”“体验为王”“增值服务”与“颠覆创新”为核心原则，并将核心原则深度融入产业园区的建设和运营中，进而完成从单一的生产型园区向涵盖生产、工作、休闲和娱乐等多元化功能的城市载体的转变。

那么如何破解传统产业园区智慧化转型的困境呢？

一是推动产业园区基础设施智慧化建设，从而实现园区全局的智慧化整体规划。

比如构建新一代全要素的感知体系，通过基础设施联动以及数字可视化技术，提高园区的运营与管理效率，从而为园区管理者提供数据决策，为智慧化的信息基础设施和应用提供支撑。

二是引入智慧产业与智慧服务。智慧园区建设必须与园区产业发展结合，引入一批发展潜力大、市场前景好的智慧产业，逐步形成从“智慧制造”到“智慧服务”的全方位产业格局。

更重要的是，智慧园区建设要实现园区与城市化管理的高度融合。通过智慧园区的建设，拉动智慧城市建设，并将智慧园区的管理职能融入智慧城市的管理体系建设中，打造极具区域影响力的“智慧化”城市管理体系。

位于我国湖南省长沙市的湘江智能网联产业园就是一个有机融合了先进性和复合性的智慧园区样本。它打破了传统产业园区的单一化格局，规划布局了人工智能科技园、智联创新园、智联加速园、智联制造园、智联服务园、智慧农业科技园、数字融城示范园共 7 个“园中园”。

在“园中园”的作用下，湘江智能网联产业园将实现经济、金融、信息、贸易、生态、生产、生活、服务、教育和文化等多元功能展现，尤其能够实现产业与生活服务功能的深度融合。虽然名字是湘江智能网联产业园，其内核却未停留在智能网联产业层面，而是涵盖基础设施、农业生产、公共服务等多维度、多场景，甚至实现了从智能网联场景延伸到智慧城市、智慧交通、智慧政务等领域。相比产业园区，湘江智能网联产业园更像是一个集生活、生产于一体的智慧产业社区。实际上，新型的智慧产业社区就是一个浓缩的智慧城市模型，它打破了原有产业园的地理边界，空间更开放、企业生态更多元、社群交流更活跃。它能够将产业反映的空间形态与城市的各个层面融合起来，终究会成为未来产城融合布局的创新空间。

产城双脑：探索县域城市智慧化路径

县域城市是智慧城市发展绕不开的主战场。

县集而郡，郡集而天下。郡县治，天下无不治。作为国家行政和经济的基本单元，县域城市的兴衰关系全局。

在我国，人口 100 万以内，以三四五线城市为主的县域城市数量远高于地级及以上城市市辖区数量，承载人口众多。根据 2019 年统计数据，我国县域经济总量达 39.1 万亿元，约占全国的 41%。

县域城市作为衔接城市和乡村的重要纽带，不仅是经济发展的基本面，也是打通城市与乡村通道、促进区域平衡发展、推进产业升级的重要助力，在最终实现经济高质量发展方面具有无可替代的作用。

但一个不能忽略的现实是，从整体发展来看，中国县域城市的综合承载能力和治理能力仍有待提高，产业集聚协同程度较低、创新体系建设较弱、区域发展较为不平衡，在“不断满足人民对美好生活的向往”方面还存在不足。

在这样的背景下，县域城市到底应如何抓住数字化机遇，进而实现城市智慧化与现代化呢？

智慧城市没有标准答案。杭州以城市治理为核心打造“城市大脑”，苏州以产业驱动为重点提出“产业大脑”，这些模式都是基于两个大城市的发展基础与特点而确定的，并不完全适用于体量较小的县域城市。

相较一线城市，县域城市的经济实力不算强，根本原因是要素不足、功能不强，以及产业支撑不足。所以在我国要推进以县域城市为重要载体的智慧城市转型，必须同时兼顾城市建设与产业发展两大核心，探寻“产城双脑”双轮驱动的智慧城市创新模式。

实际上，“产城双脑”就是“产城融合”在智慧城市转型上的延伸。“产业”与“城市”双轮驱动、不断融合，既能实现政府的数字化管理与城市的精细化治理，又能给城市带来产业的数字化与智慧化升级。

浙江省瓯江口的智慧城市建设就是一个典型案例。瓯江口是典型的县域城市，在现有产业下，当地政府于 2020 年创新推出“城市大脑 + 产业智脑”双轮驱动机制，并制定了以智能制造业、安全应急产业和现代商贸服务业为主导的产业战略。

瓯江口的“产城双脑”双轮驱动模式，核心在于两个方面。一方面，通过打造政企两侧“数字驾驶舱”，为政府、企业管理者提供科学的决策依据。其中政府“数字驾驶舱”聚焦于城市智慧应用场景，在企业成长的全过程中给予精准帮扶，形成政府、企业之间的良性循环；同时企业“数字驾驶舱”以企业为单元，建立企业单元数据库，让企业管理者全面了解企业运行状态，为企业成长、营运、决策提供有力的数据支撑。

瓯江口通过政企两端的“数据驾驶舱”，打造出独有的产业服务功能体系，构建了产业园区各类事项“一网通办”的智能化服务管理模式。这一模式为政府和企业提供了开放、高效的平台，而产业生态的升级也优化了区域经济结构。

另一方面，瓯江口在产业园区建设之初就以“产城融合”为目标，对新区发展进行全面系统的规划。根据规划，瓯江口以社区为“点”，通过“双脑”优化城市治理能力；以公共服务为“线”，加快建设学校、医院、邻里中心等社区配套设施，打造“医、教、研”的复合型功能体系；以“产城融合”为“面”，构建“北生产、中生态、南生活”融合开放型空间架构。

通过“点—线—面”相结合的“产城双脑”发展模式，瓯江口日益成为一个宜业宜居的县域城市标杆。

第四节
城乡互黏：乡村振兴的智慧路径

智慧城市离不开数字乡村。

随着新型城镇化建设和社会现代化治理任务的进一步深化，我国智慧城市发展也逐步走入深水区，智慧化的重心也开始向小城镇与乡村转移，乡村振兴走上了新的风口。

但一直以来，在以数字乡村为主的乡村振兴智慧化过程中存在着两大误区：一是把智慧城市的模式简单粗暴地复制到乡村，导致乡村基因对其排斥，无法适配；二是忽略城乡融合的发展思路，就“乡村”谈“乡村”，导致很多地区的数字乡村发展成一个乡村内部的闭环。

实际上，从古至今，我国的城市与乡村都无法完全割裂开来，看似城市保持着对乡村的绝对优势，但其实城市难以摆脱对乡村的依赖。

城市与乡村可谓相互交融、依赖共生，中国社会始终处于这种“城乡互黏”的状态。当前，在系统层面，我国以“市管县”体制为政治基础，以资本和技术的力量为物质支持，城市依托周边乡村快速扩展，又反哺乡村；在生活层面，城市生活和乡村生活融为一体，乡村需要从城市获得必要的发展资源，越是靠近城市的乡村，其与城市的这种融合就越深入。

在这样的视角下，我们再来探讨智慧城市与数字乡村就可以很容易地厘清一个核心逻辑：数字乡村无疑是智慧城市建设的重要补充与必要延伸，二者的共同终点是构建一个智慧宜居的新生态。

因此，站在城乡一体化发展的层面，做好顶层设计与价值空间规划，利用新兴技术激活乡村各要素，加快推动农业农村数字化转型，同时因地制宜地积极探索城乡融合模式与乡村特色，才是乡村振兴智慧化的有效路径。

下沉与共享：破解城乡二元结构

数字化是乡村振兴的手段，而不是目的。

一个不容忽视的事实是，数字乡村在很多地区被片面地理解为智慧城市的 B 面。比如针对智慧城市规划中提到的“建设新型信息基础设施”，很多地区会在乡村大规模开展网络建设工作，强行将乡村的硬件设备与网络通信等基础设施水平拉到和大城市同样的高度。

结果可想而知，由于乡村的承受能力有限，一些应用类基础设施资源被大量浪费。在电费成本高与运营维护缺失的条件下，许多农村的室外液晶显示屏成为摆设；一些智慧终端设备也因为运行速度慢，村民不会用或怕用坏等，被锁在村委会。而更严重的是，有些地区在乡村产业升级方面存有技术性偏差——将“精细化农业”与“农业智慧化”画上了等号。

精细化是智慧农业发展的重要特点，它可以通过新兴技术实现对农业环境精确感知、系统诊断以及科学化管理，从而提升农业生产效率与品质。但是，盲目地追求“精细化”需要耗费昂贵的农业设备和系统，对土地资源稀缺以及农产品附加值低的乡村而言，毫无疑问，结果是入不敷出，被套上了一道沉重的经济枷锁。抛开农业生产成本不谈，要实现高、精、尖的大规模“精细化农业”，还需要既懂智能化技术又懂农业生产的高端复合型人才，这也是一般乡村不具备的条件。

基于这样的现状，我们需要深刻认识到，当前我国的乡村经济社会发展在很大程度上不是一个自成体系的系统，其内部要素往往不能构成一个完整的闭环。

城市的智慧模式与创新思路不能盲目地在乡村复制，要想建设数字乡村，就必须打破城乡二元结构，把城乡视为一个完整的系统，推动城乡之间的要素流通，实现城乡资源的下沉与共享。

在硬件设备方面，应该围绕城乡的互联互通，进行最优化的基础设施资源配置，注意以乡村的需求为导向，而不是单纯完成指标。比如，根据乡村的具体需求，将城市中闲置和生产过剩的电脑、摄像头以及网络通信等基础设备，下沉到乡村，而不用重新生产、购买，这样既能降低成本，又能实现资源的再利用。

在软件技术层面，则应该围绕城乡资源共享来创新平台。通过数字技术打通城乡要素交互的通道，打破城乡资源流通的壁垒。比如，通过创新“5G 技术 + 智慧屏 + 云会议”系统，实现城市医院对乡村的远程诊疗，共享医疗资源；通过 5G 智慧教育平台，实现乡村学生与城市名师的面对面交流，共享教育资源；共建共享城乡智慧治理大平台，避免乡村数字平台重复建设，实现乡村安防、水文监测和环保监测等环节的降本增效。

在乡村人才方面，更是需要城乡的政、学、企资源充分结合，共同建立数字人才培育体系。一方面，探索建设“三农”科教综合服务系统，提供农业技术在线培训、农业专家在线服务、新型职业农民和农村实用人才在线学习一体化教育服务；另一方面，积极促进企业与高校合作，打造乡村数字人才培养平台。例如，腾讯与高校合作推出的乡村人才培养计划，就是乡村人才振兴方面的一个创新方案。2021年，腾讯与中国农业大学联合启动了“中国农大—腾讯为村乡村 CEO 培养计划”。该计划邀请国内“三农”专家、腾讯等龙头企业的行业专家、新农人企业家以及涉及乡村振兴各领域的专家团队和基层实践者，结合农业高校在农业经营、农村治理等领域专业人才培养上的优势和积累，采取在线课程学习、村庄实训、在岗锻炼的分阶段、多样化的人才培养方式，辅以多行业导师的全周期陪伴式学习支持，将视野开拓、技能训练、实践运用、基金支持、成果转化融为一体，培养懂乡村、会经营、为乡村的青年人才，填补乡村振兴中人才匮乏的短板。

重构城乡智慧产业价值链

不论是城市还是乡村，经济发展的驱动力都来自产业。城乡“互黏”发展的最终目的都是通过智能化完成城乡之间要素的时空流动与重组，进而实现对城乡产业结构价值的优化和改善。

智慧城市与数字乡村虽然是各自发展的两个系统，但究其本质，它们都无法脱离对方而独立运作。

在工业化初期阶段，城市的核心价值在于通过基础设施和公共服务的集中供给，降低产业的边际成本，实现规模经济。这时，乡村仅被视为城市的附属空间，其核心功能是为城市输送劳动力、物资和能源，同时消纳城市工业化所带来的环境污染和贫富差距。

随着后工业和数字化时代来临，先驱城市已经进入高质量和高效率发展阶段，而乡村的功能属性也随之转型，其提供游憩空间、保障粮食安全及生态安全的价值开始提升——“绿

水青山就是金山银山”理念就是这个阶段的科学论断。

在城乡一体化发展的诉求下，城乡之间逐渐产生了平等互补的关系形态，智慧化进程也进一步加快了产业价值链重组。

首先，智能化和个性化的农业新技术，让农业在城乡空间上实现了重组。如今农业生产的空间灵活性大大增强，甚至能在城市空间渗透，比如融入城市空间与住宅空间的垂直农场生产模式。这种生产模式以城市为核心，在大楼里通过技术手段模拟农作物生长环境，将农业大数据运用在 LED 照明、气栽种植法、气候控制等技术上，实现大幅度提高农产品生产效率和土地利用率。

● 垂直农场生产模式

在这种新型智慧农业发展模式下，农作物生产不再受制于天气，人们无须担心土壤污染、病虫害肆虐，可大大减轻恶劣气候和城市环境对健康绿色食品生产的影响；既节省了空间、减少了农产品从乡村到城市的运输成本，又保证了农产品的新鲜品质。在新冠肺炎疫情防控期间，其就发挥了巨大的价值，让世界不少城市社区在一定程度上实现了食品资源的自给自足。

其次，智慧农业与农业大数据，实现了农业全产业链的数字化升级。

智能农业在运用现代生物技术、智能农业设施和新型农用材料的基础上，依托物联网与大数据技术，在农产品生产与加工、水产和牲畜养殖等方面大大提升了生产效率。

我国贵州省铜仁市万山区高楼坪乡高丰农业羊肚菌基地就是通过打造农业农村大数据平台，建设当地全品种产业链的物联网数据采集中心、大数据分析应用平台、大数据指挥调度中心以及智慧管理系统，为万山区车厘子、圣女果、红果参和羊肚菌等经济作物的智慧生产提能增效。

而实际上，农业大数据的价值远远不止于此。通过建立全域农业大数据平台，我们可以将省、市、乡范围内的农业数据整合，打造农业大平台、大数据与大服务，形成统一的农业信息化标准与运营机制，从而进一步提升农业生产的优化配置。

例如，早在 2013 年，我国青海省就被列为“国家农村信息化示范省”建设试点省份，此后开始建立农业大数据平台。如今，青海省通过全域农业大数据平台并依托农业大数据，实现了全域农业生产资源的优化配置——良种农作物种植比例不断增加，农作物种植效益快速增长。

总之，农业产业链重构，为我国乡村振兴指明了方向。同时，它也是城乡一体智慧化发展的必经之路。

乡村 IP：智慧化下的文化基石

一个适宜的文化 IP，能有效唤醒和激活乡村发展的内生动力。或许“文化 +”才是乡村振兴的最终归宿，而乡村 IP 正是城市智慧化的文化基石。

工业文明的最大贡献是利用知识和科技的力量，创造了一个物质极其丰富的世界。然而知识和科技可以创造物质，却创造不了精神，所以我们向往的必定是一个追求“文化 + 智慧”的生态文明时代。

毫无疑问，乡村是我国传统文化的底座，也肩负着建设生态文明的时代使命。虽然随着城镇化的推进，造成了部分乡村“空心化”，但乡村依然承载着中华民族千百年的村庄历史、乡愁记忆。如果基于这一点来理解“乡村振兴是智慧城市的补充和延伸”，那么我们可以说，乡村振兴就是为了寻找智慧城市的文化与精神寄托，而这种寄托一定是建立在经济发展的基础之上的。

我国约有 236 万个自然村（截至 2020 年），每个乡村都有各自的特色与优势。如果这些乡村都能够依托自身的特色条件和定位，打造独属于自己的乡土品牌和文化 IP，并与乡村业态融合发展，那么其将在城市智慧化进程中释放出一股巨大的经济动能。

在这样的诉求下，“产旅智慧 IP”成为最有价值的乡村创新模式之一。旅游业由于具有较高的产业关联性，天然适宜发挥乡村农业产业黏合剂的作用。

在 IP 时代，乡村旅游为农业农村产业赋能，可以蝶变出更多的可能。在产旅智慧 IP 的包装下，可以将乡村的农特产品，比如安吉的白茶、苏州的大闸蟹、西昌的葡萄、攀枝花的芒果和淄博的苹果，打造成特色乡创、农创产品，进而引导特色产业链培育。

在农产品品牌化层面，可以通过以人工智能、大数据和区块链为代表的新一代数字技术，实现农业业务从上游育种、中游场景适配到下游营销溯源的全产业链智慧化升级。例如，我国重庆市渝北区大盛镇青龙村，打造了全市首个集机械化、自动化、信息化于一体的丘陵山区现代化水果产业基地。它依托大数据和物联网技术，建起智慧管理平台，实时监测遥感巡田、精准气象与农事记录等数据；同时，基于区块链技术，全面覆盖产品从田间到餐桌的追溯，提升了农产品的品牌价值与文化属性。

而在乡村文化旅游体验层面，则需要通过数字化转型，建立乡村文化景点从数据基础、中台到管理等的全链路数字化体系。与城市“大脑”相同，乡村也需要建立“智慧大脑”，乡村 IP 的打造离不开数字化体系的作用。例如，对于当地古建筑，可通过虫害监测、风险分析等建立数字化管理维护体系，同时利用数字化技术还原差异化的村庄文化和民俗，从而带动乡村农产品一二三产业联动、增收，打造乡村 IP。

浙江省江山市凤林镇南坞村近年通过构建“乡村智脑”，打造出一个集康养休闲、古村文化、民俗非遗和特产美食等主题于一体的流量乡村 IP。当地一方面通过互联网及大数据，针对当地文化民俗进行数字化包装并精准营销；另一方面，将 AR、VR 等技术融入当地景点，提升游客的趣味性体验。在数字化技术的加持下，节假日期间南坞村的单日接待游客峰值可达 4 万人次。

此外，乡村 IP 对于新时代的“数字牧民”，也意义巨大。在数字化时代，处于城市产业链高端的创意、研发、设计等行业的从业者被称为“数字牧民”。他们不拘泥于固定的城市工作场所，可以在新兴技术的支撑下，边旅行、边工作、边学习、边交友、边创新。

风景优美、空气清新并拥有特色 IP 的乡村，恰好可以为这些依数字时代“水草”而居的“数字牧民”提供一个富有文化底蕴的生态栖息地。

推进智慧城市建设和乡村振兴都是为了建设生态文明的新时代。建设这个新时代，必须进行三场革命：能源革命、产业革命和生活方式革命。而乡村是这三场革命的重要载体，“面子工程”和“政绩工程”都不是它想要的，我们只有“懂得乡村，才能振兴乡村”。

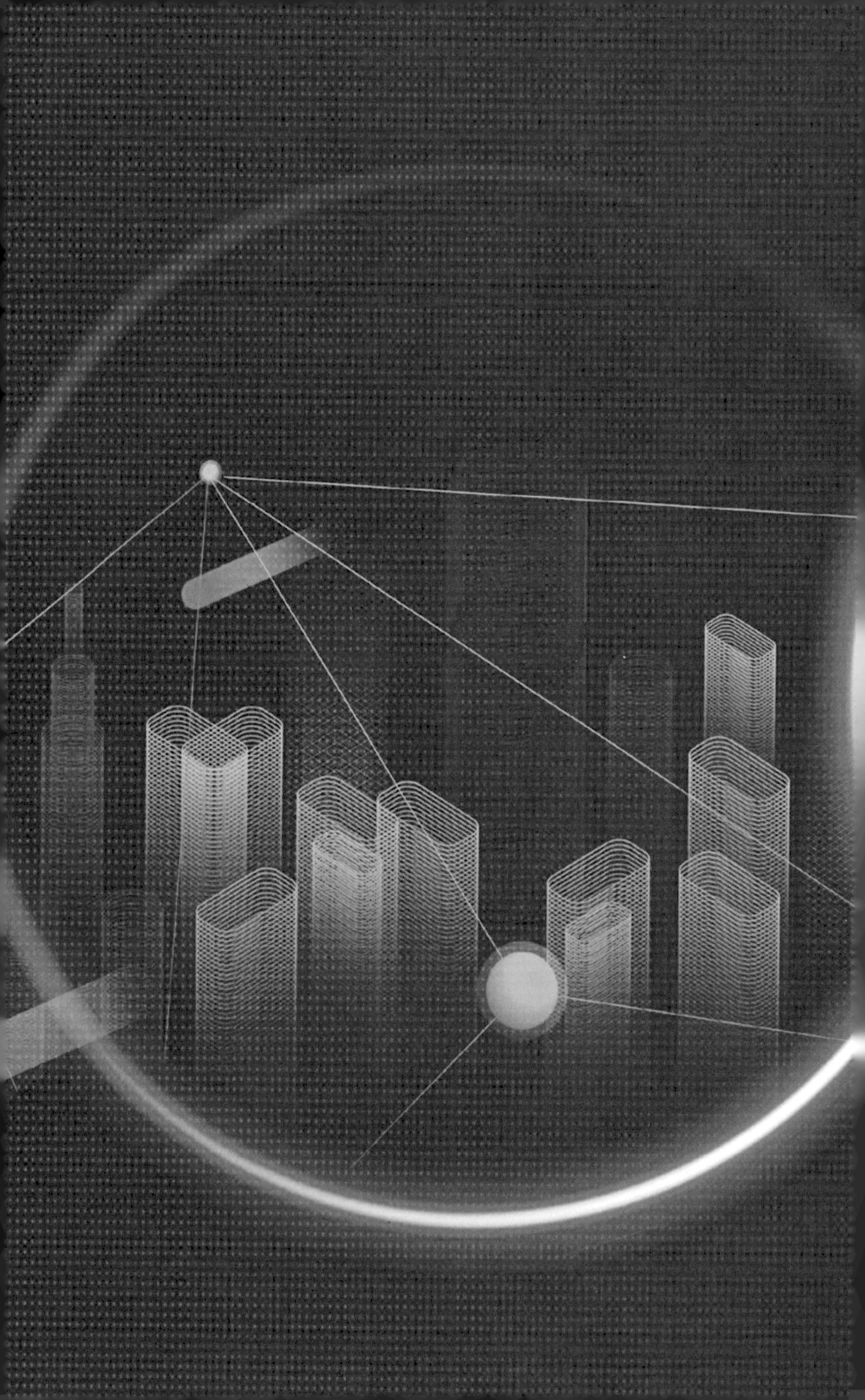

第三章

打开市场想象空间

第一节
数据通道：抢占城市智慧“入口”

智慧城市就像一张巨大的拼图，从哪个小块儿开始，决定了它的难度有多大，何时能拼完。

新冠肺炎疫情期间，我国湖北省武汉市某小区发现了确诊患者，该社区的智慧系统自动呼叫医院派车送患者隔离，并将患者数据进行同步。同时，武汉市交通系统实时联动，开辟绿色通道。救护车到达医院时，病床与相关诊疗设备早已准备就绪。

在疫情防控的这个案例中，我们可以清晰地认识到，智慧社区、智慧交通与智慧医疗是智慧城市发展过程中最早也最有必要实现融合的板块，它们构建起智慧城市的底层生态网络。

再从另一个角度来看，这个案例体现出大数据是智慧城市的血液，是一切智慧化得以实现的支撑。而社区民生、交通及医疗，无疑是数据量最大、数据价值最高的领域。它们作为智慧城市的数据通道，是在智慧城市建设中各地政府、各研究机构以及各大厂商必须重视的突破口。

社区智能化：打造智慧城市“底座”

智慧社区其实就是智慧城市的“细胞”。

作为智慧城市建设的基础单元与底层支撑，智慧社区对提高社会基层治理能力，全面提升人民生活的智能化水平至关重要。

换句话说，只有社区智慧了，城市才能智慧。智慧社区是智慧城市建设不得不取得的通行证。

在维度上，可以把智慧社区分为家居内系统和社区内系统。家居内系统就是智能家居，包括家居设备、安全警报、居家医疗设备等，其作用在于让家居产品之间相互协同，能够按照屋主的需求来工作。

比如，在小米智能家居系统的夜间场景中，部署在床边的传感器可以感知到用户上床的行为，当用户睡觉时，其会自动关闭窗帘与全屋的灯，并将卧室的温度和湿度调至最适宜人睡眠的范围。

这听起来很美好，操作起来却面临巨大的挑战。其中最大的难点便在于平台集成，这要求屋内来自不同厂商的电器实现互联互通，比如，A 公司生产的系统开关可以控制 B 公司生产的空调，C 公司生产的感应系统可以控制 D 公司生产的扫地机器人。而这当中的技术通道很难打通。

华为最先打破了困局。HUAWEI HiLink 是华为开发的智能家居开放互联平台，其核心在于开放联网协议，能够实现各智能终端之间的自动发现、一键连接，无须烦琐的配置和密码输入。同时，消费者可以通过智能网关设备、智能家居云等手机软件对屋内设备进行远程控制。

这种开放化的平台集成，解决了智能家居硬件协同不足的问题，也大大降低了传统家电入局智能家居的技术门槛。华为通过 HUAWEI HiLink 智能家居开放互联平台，可将所有智能硬件厂家联结在一起，形成开放、互通、共建的智能家居生态。

正因为家居内系统的智能化突破，社区内系统才得以进一步智慧化升级。而如华为这样的科技型企业，在开发智能硬件设备的同时，也在不断获取社区数据。这些数据与“社区智脑”结合，就能为社区居民提供更加智慧化的生态服务。

“社区智脑”实际上就是社区内系统的中枢，它可以整合社区大数据、协调资源、发出指令，为居民提供更好的服务。不管是社区应用、家庭智能中控，还是社区门禁、电梯、车库、配套商业和物业管理等，它们只要和“社区智脑”对接上，就能实现互联互通与协同服务。

举个例子，在未来，当你开车进入小区时，“社区智脑”部署的传感器就能立刻识别并立即同步数据到你的家庭智能系统。家庭智能系统开始打开灯光、窗帘和空调等；与此同时，“社区智脑”自动查询智能快递柜，如有你的未取包裹，则会调用物流机器人自动送至你家门口，你到家时可通过“刷脸”直接取走包裹。

可见，在大数据的作用下，社区智慧化不是单个家居设备的智能化，而是实现了人与物、物与物、场景与场景之间的智慧联动。智慧社区建设不是单一的项目建设，它既有智慧安防，又有智能家居；既有服务运营，又有云平台搭建，行业“主导者”难以划定其范围。近年来，强强联合逐渐成为智慧社区玩家的新选择，如提供智慧物联服务的科技公司与主营房地产开发、物业服务的房地产公司展开合作，实现智慧社区产业链上下游之间的融合，这无疑是智慧社区发展的行之有效的路径。

未来，随着“社区智脑”的进一步升级，社区与社区之间的跨区联结，社区与城市之间的无缝联动都成为可能。可以说，谁先抢占这个入口，谁就能优先拿到智慧城市的通行证。但须注意的是，与智慧城市建设相比，“智能家居”和“社区智脑”的打造涉及更多个人隐私问题，如何解决这些问题，是一个巨大的挑战。若这些问题不解决，人们不会轻易接纳它们。

自动驾驶：疏通智慧城市“经络”

众所周知，交通是城市的经络，只有经络通了，城市这个身体才能良好运转。而自动驾驶正是疏通智慧城市“经络”的关键穴位之一。从智能化的角度来看，自动驾驶分为“单车智能”与“车路协同”两个方向。

“单车智能”方向很好理解，它的载体就是我们所说的智能汽车。单车智能是在电动汽车的基础上进行设计，充分利用智能化新技术，追求更好的驾乘体验、更智能的人机交互与更人性化的体验迭代。

自动驾驶的根本逻辑就是对人类驾驶行为的模仿。人类须要通过视觉和听觉感知、大脑反应与肢体动作来完成驾驶，在驾驶过程中要解决三个问题：从哪里来、到哪里去，周围会发生什么以及应该怎么做。所以，自动驾驶也需要智能系统解决这三个问题。但不论解决哪一个问题，其采用的智能技术都需要海量的底层数据去喂养。只有保证驾驶数据的准确性、完整性、可追溯性、持续性、真实性和共享性，智能汽车才能通过屏幕、摄像头和传感器，人性化地捕捉到用户指令，实现高效的人机互动——而这正是智能汽车的“聪明”之处。

此外，和智能手机一样，未来的智能汽车也可能成为人们开展城市生活的核心工具，形成办公室和家庭之外的第三空间，为人们提供远比现在丰富的体验。比如，现在我们将麦克风接入汽车的智能系统，就可以通过车载智能卡拉 OK 系统进行唱歌娱乐，这个时候，汽车就变成了 KTV。而在未来，汽车还可能变成休息室、咖啡馆、游戏厅、衣帽间甚至电影院。

那么，“车路协同”方向指的是什么？其“协同”的又是什么？

在交通体系中，除了汽车这个要素外，还包括道路、行人与环境等要素，其中任意一个要素的变化都会引发蝴蝶效应。车路协同强调的是交通体系中的人、车、路及环境等要素的耦合与协同，它是一种体系化自动驾驶技术解决方案，更是一种全盘统筹的思维模式。如果说智能汽车实现的是“单车智能”，那么车路协同实现的是“体系智能”。

在车路协同的框架下，可以通过车速引导与上游路段分段限速来提高通行效率，从而避免瓶颈路段拥堵；也可以提前感知路段盲区与超远距离的突发情况，提前为紧急车辆让道。

● 智慧交通的车路协同

相比单车智能，车路协同更需要交通数据的支撑。它需要城市的智慧交通打造三级数据中心：车端将收集的信息与路端交换，并且迅速计算出最安全且快速的行驶路线；路端将收集的路况信息传送给即将驶来的车辆车端和交通大脑，交通大脑会根据整个城市的交通状况，灵活调整每一条道路的红绿灯通行时间，甚至为每一辆汽车规划更合理的行驶路线与时速。

实现了车路协同的自动驾驶，可能比人类更“聪明”——智能系统在掌握丰富信息的前提下做出的决策，会更加及时与精确。

重庆市永川区是我国较早开展自动驾驶载人测试的城市之一。2021 年 4 月 12 日，永川与百度 Apollo 联合打造的中国首个 L4 级自动驾驶公交车正式投入运营。

该公交车拥有 4 个激光雷达、2 个毫米波雷达、7 个单目相机，能帮助车辆探测，在行驶过程中获取各类数据。同时，在车载 OBU 与智能网联路侧设备的协同下，车辆可以实时接收路面全量交通参与者的高精度感知数据，包括路面上的行人、汽车，以及车内司机视角所看不到的盲区等情况。通过对车载和路况两方面数据的动态分析，车辆可以提前获知道路红绿灯变化情况及等待时间，从而提前规划、决策驾驶行为，大大提升通行效率。

在自动驾驶中，车路协同和单车智能就如同路灯和车灯。有了路灯，车辆会驾驶得更好、更安全；但车上一定要有车灯，在路端设施出现问题的时候，车辆能够为自己提供照明。以“聪明的车”为载体，以“智慧的路”为辅助，在“云”的协同下，智慧交通才能发挥最大的效能。这条通道无疑会成为通往智慧城市的重要入口。

智慧医疗：守住“智慧城市”生命线

无医疗，不城市。

如果说产业、文化和教育等领域是一个城市进步的上限，那么医疗则是一个城市发展的下限。智慧城市发展想要突破上限，就必须守住智慧医疗这条“生命线”。

智慧医疗是指在诊断、治疗、康复等各环节，基于5G、物联网、人工智能等技术建设的一个以病人为中心的医疗信息管理和服务体系。简单来说，它就是新兴技术在医疗卫生领域中形成的一种医疗服务新形态。

从技术与硬件来看，医疗设备的智能化可进一步提升智慧医疗的精度与效率。例如，可穿戴医疗设备无疑是医疗大数据最重要的抓手。它既能够帮助用户实时掌握个人的健康状况，又能够为医者提供疾病诊断治疗相关的大量有效数据，并通过数据反馈实现疾病预防与早期治疗。

对于一些特定患者，可穿戴医疗设备的发展尤其能够发挥巨大的价值。比如，糖尿病患者的血糖检测，过去需要高频率地采集血液样本，这就给患者造成诸多不便。基于这样的状况，河南省某中医院开发出一款无创动态血糖监测设备。它不用患者扎手指采集血样，而是通过敷贴在上臂背侧的传感器来监测血糖数值，并实时显示到患者手机软件上。同时，这些血糖数据也可以共享给患者的亲友和主治医生，实现糖尿病治疗的动态化科学管理。

从平台和软件的层面来看，智慧医疗系统的打造，对医疗资源的优化配置意义重大。在传统的医疗卫生体系结构中，医院各自运营、术业专攻；地域的限制也造成医疗资源分配不均。而智慧医疗正是通过智慧化的方式，将医疗资源放在一个系统内重新整合，从而打造一个新的无边界的医疗生态系统。通过这个智慧系统，医疗资源将以更灵活、更精益和更专业的方式与终端医疗需求完成匹配，全方位提升医疗服务效率。

例如，在 2022 年新乡两会期间，中国移动联合当地医院，开通了新乡宾馆直通新乡市中心医院的 5G 智慧远程诊疗系统，通过 5G、遥感、遥测和遥控技术，对两会代表展开远程医疗问诊，并为其提供高效、及时的医疗服务。同时，这套系统还能实现新乡市各大医院专家下沉到各社区中心，进行远程会诊、多学科会诊、病理影像诊断和远程教育培训，让患者也能在“家”门口享受大医院的优质医疗资源，为给社区医院提供技术指导与解决疑难问题打开了便捷、高效之门。

智慧城市发展至今，我们应有一个基本共识：智慧城市建设的最终目的，是通过城市的智能化，实现人们生活品质的全方位提升。而以智慧社区、智慧交通、智慧医疗等构建起来的数据通道，将会让智慧城市这张拼图的脉络更加清晰。

第二节
空间智能：探索数字城市新形态

智慧城市发展至今，已经不再拘泥于技术上的迭代与升级，而是注重形态上的探索与交融。

一方面，原有的物理空间与基础设施急需完成智能化升级，以便承载未来更加多元化、更具创新性的数字化技术；另一方面，大数据、人工智能与物联网等新兴技术的深度融合，需要我们在未来创造出推动城市文明持续发展的智能空间。

只有当我们在“空间上的数字化”和“数字技术的空间化”两大核心趋势上取得突破时，智慧城市建设才能真正走入快车道。

智慧灯杆：打造城市智能感知接口

很难想象，智慧城市这座大厦竟然会由路边的灯杆率先支撑起来。

1417 年，世界上第一盏路灯被点亮。在长达几百年的发展历程中，路灯一直被人们当作简单的照明工具。而如今，智慧灯杆横空出世。迅速发展的物联网技术与智能控制技术，赋予路灯新的角色——物联网感知集成体。

作为智慧城市新基建的重要一环，智慧灯杆除了满足基本的照明需求之外，还能够通过挂载交通信号灯、5G 基站、数据采集器、安防、充电桩和 LED 信息屏等设备，集成更多的智能服务，比如，公共 Wi-Fi、无线基站、物联网以及边缘计算等。

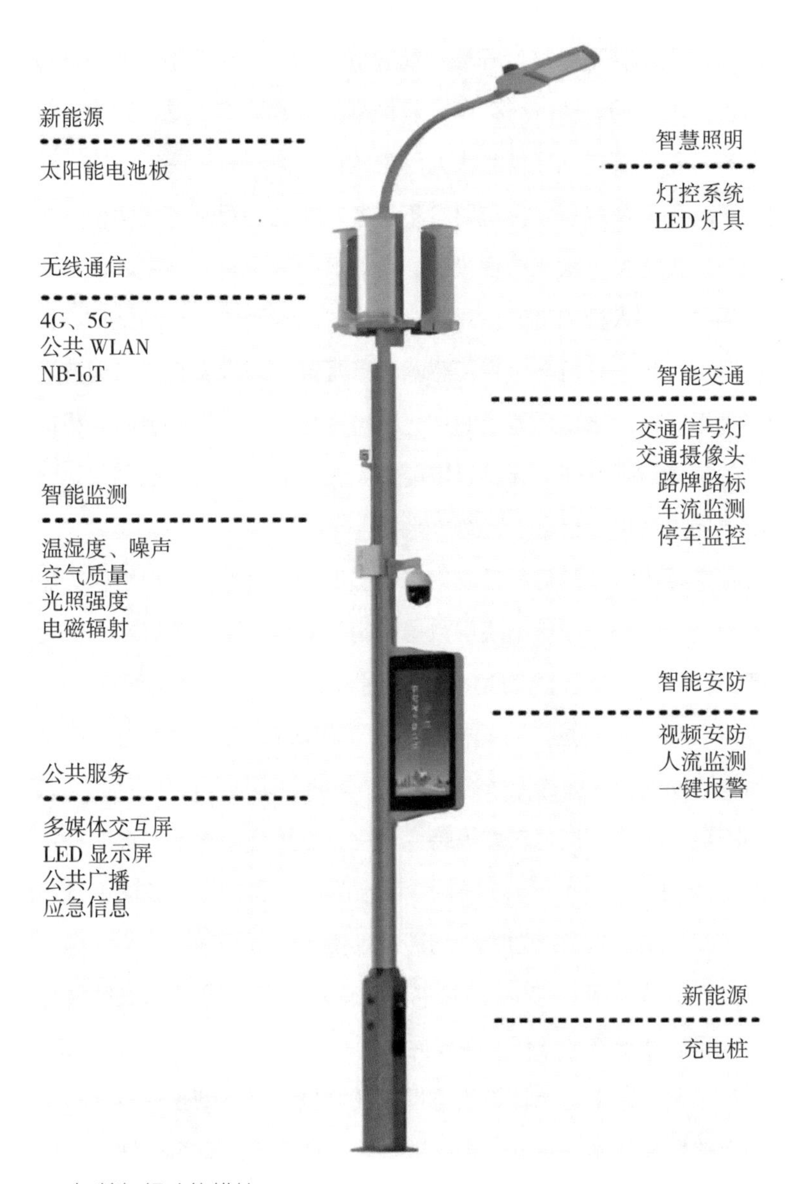

● 智慧灯杆功能模块

从这个角度来看，智慧灯杆不只是一个智能硬件，更像是一种智慧化的解决方案。通过将无处不在的智能终端连接起来并统一管理，智慧灯杆能够随时随地接收、整合和传递来自城市各个区域的各种数据信息，从而提升城市的智能化水平和管理效率。

智慧照明就是智慧灯杆最直观的价值体现。传统路灯作为城市中基数巨大的照明设备，一直存在着极高的能源浪费问题，因为传统路灯非常容易受到自然环境和人为因素的影响，经常该亮时不亮，该灭时不灭。更重要的是，传统路灯不具备状态监测设备，故障依据主要来源于巡视人员上报和市民投诉，路灯运行情况无法被主动监测、报告，相关管理人员也就无法对其进行实时、准确的管理与维护。智慧灯杆可以将每一盏灯与信息传感器设备互连，对批量灯具实现按需照明的精细管理。当传感器侦测到光环境变化、车流及人流时，将依照不同的需求进行智能调光，让电能都用在“刀刃”上。这不仅让道路照明更加人性化，也可以达到节能减排的目的。

在交通上，智慧灯杆借助集成的摄像头、传感器、模组和智能终端等设备，能够完成城市底层数据的精确收集，实现对终端设备的全面感知，从而支撑智慧交通系统对交通和行人的动态检测管理。

再看城市新基建，它同样离不开智慧灯杆。众所周知，5G 技术作为物联网数据传输的无线通信技术，具有频率较高、真空损耗较多、传输距离较短和穿透力较弱等特点，在基站搭建中需要增加的补盲点远高于 4G 技术。而智慧灯杆就像城市的血管和神经，在城市分布广泛且密集，是最具备成为物联网通信连接点的优势的集成化设施。据统计，目前城市规划的 5G 基站中，约有 80% 的规划搭载在智慧灯杆上，这足以体现智慧灯杆的重要性。

基于此，未来边缘计算也可以依托智慧灯杆找到落地载体。智慧灯杆上的所有传感器数据、视频数据等可在边缘端融合处理，实现灯杆所在区域的自治化，进行实时响应。

在 2022 年的北京冬奥会上，四川华体照明科技股份有限公司（简称“华体科技”）为核心赛区周边打造的智慧灯杆大放异彩。通过搭载接入视频监控、路灯节能控制器、交通指示牌、交通信号灯、Wi-Fi、LED 信息显示屏、新能源充电桩、太阳能光伏发电储能装置等诸多物联网智慧设备，华体科技为此次冬奥会量身定制了 2500 多株“智慧树”（5G 多功能智慧灯杆），以“一杆”满足了赛区周边的照明、安防、交通以及停车管理等公共服务需求。

正因为智慧灯杆拥有多种智慧功能，其被赋予了多重身份。它既是物联网的感知载体，又是智慧场景的联动开关，但无论扮演什么角色，未来它无疑是智慧城市的重要组成部分和底层接口。

垂直城市：重塑城市智慧生态体

当一个城市的发展由横向变为纵向时，智慧城市建设也上升到新的阶段。

2016 年，华裔美籍建筑师金世海提出了一个大胆的构想——打造垂直城市。它是一种能涵盖居住、工作、生活、休闲、医疗与教育的巨型建筑类型。这种建筑结构的特征是高度的智能化、超高的容积率、惊人的高度、少量的占地，可容纳爆炸式增长的居住人群。

之所以有这样的构想，就是因为在城镇化过程中，城市人口的快速增长带来了城市居住、城市交通、城市医疗与城市教育等一系列问题，逐渐影响城市循环系统。垂直城市构想的提出，就是为解决高密度人口带来的城市问题提供一种可尝试的方案。垂直城市的建设核心，实际上就是打造一个个的生态小循环，将城市大循环的压力从内部分解掉。它不是把高楼大厦“摞”起来，而是创造一个智能、便捷、绿色与舒适的生态空间。

意大利建筑师卢卡·库尔奇曾策划过一个名为“THE LINK”的垂直城市概念项目。在他的规划中，这个项目是一个“以意识为导向”的智慧城市建筑，可以通过智能化技术打造全新的智慧生态体，最多可容纳20万人居住。这座垂直城市由四座主塔组成。最高的塔用来容纳所有居民，而其他三座塔将容纳企业办公室、政府部门、医疗机构和各级学校。在地下室，将建立包括内部和外部码头的基础设施，可以让游客进入。在生态智能方面，“THE LINK”通过人工智能与大数据等技术，搭建智能城市中枢，用于调控建筑内整体温度、二氧化碳水平、湿度和照明系统。同时，利用智能化技术，智能城市中枢还能存储太阳能电池板和其他可再生能源所产生的额外能量，供“THE LINK”运营系统可持续运行。

像“THE LINK”这样多层次、多功能的超高智能建筑体，无疑让我们对未来的垂直城市抱有巨大的想象空间。垂直城市在空间延展与生态优化的基础上，要实现完整的内部循环，农业种植与粮食供给也是必不可少的一部分。

在建筑师金世海的观念中，垂直城市只需要规划2%的空间用于居住，剩下98%的空间则应该用来种植粮食、蔬菜以及绿植。

新加坡热带地区的生态设计大厦，就在垂直城市的设计理念中融入了垂直农业元素。这栋生态设计大厦外面一半以上的面积都被绿植覆盖，而在大厦内部则规划26层楼用于种植农作物。利用温室栽培和农业大数据等智慧农业技术，大厦内可以一年不间断地进行农作物生产，并且不受干旱、洪水、害虫等灾害的影响。而大厦外部的绿植利用太阳能进行光合作用，也可以更大程度地提升能源利用率，打造一个绿色生态循环系统。

实际上，在我国也有垂直城市的规划雏形。在深圳市光明新区的发展设想里，未来将在轨道交通沿线安排三个体量巨大的高层建筑群，其高度分别为 200 米、150 米、100 米，这三个建筑群的总建筑面积将达到 140 多万平方米，每个建筑群至少可居住几万人。而除了居住功能之外，每个建筑群还将提供完善的生活、商业和文体配套设施，甚至可能配备学校和医院。

如今，以数字化与平台化为主的智慧楼宇已经日渐成熟，无数科技大楼平地而起。在未来，单体智能一定会向生态智能迭代升级，以智能化与生态化为核心的垂直城市，也会在智慧楼宇的基础上，展现更大的想象力。

数字孪生：交互城市的智能空间

如今，数字孪生不只是一个技术概念，更是一种新的城市发展模式和转型路径，正在成为智慧城市的升级版和必选项。

城市的数字孪生，简单来说，就是通过感知、计算和建模等信息技术，在云空间克隆一个与物理城市相匹配的双胞胎虚拟数字城市。在这个虚拟数字城市中，水、电、气和交通等基础设施的运行状态，警力、医疗和消防等市政资源的调配情况等，都可以通过传感器与摄像头进行采集，并利用 5G 与物联网技术传递到云端，实现虚拟城市与现实城市的精准映射、虚实交互和智能干预。

城市数字孪生系统的最大价值就是，在不改变原有物理城市空间的前提下，监测现实城市里任何角落的一举一动，实现提前部署与动态反应，可以大大提升城市的治理效率。

2020 年国庆期间，在我国某市步行街上，一幢现代主义风格的历史建筑里，有位小朋友被窗外的繁华景象吸引。他打开窗户并爬上了窗台。这时，安装在窗户上的传感器第一时间监测到开窗行为，并立即通过自动报警系统通知区域保安赶往现场，保安及时救下小孩，随后系统显示窗户恢复关闭状态。

这看似简单的应急反应，背后实则有强大的智能化技术作支撑——一个为这幢历史建筑专门打造的数字孪生系统，一直实时监测建筑里的生命体征。这座城市就是以此为起点，开展了城市数字治理最小管理单元的试点规划。

我国浙江省杭州市“湖滨之夜”的游客疏散行动，也是通过数字孪生系统实现高效率城市治理的一个例子。2019 年的跨年夜，杭州市湖滨步行街举行了“湖滨之夜”活动。公安部门接到任务，要求在活动结束后的 100 分钟内，将 4.8 万名游客全部安全疏散出步行街范围。

彼时，在湖滨步行街的数字孪生系统屏幕上，实时人数、人流变化趋势、附近地铁站的人流进出情况等一组组滚动的数字正梳理、编织成一张城市安全网。而数字孪生系统则依托热力图等感知系统，结合节假日的历史人流数据，并将天气等因素纳入考虑范围，进行人流峰值的智能预测，为警方安全部署与三级响应机制提供强力支撑。在得到数字孪生系统的数据分析结果后，各部门立刻部署，杭州公交集团将周边 13 条线路的运营时间延长，并增派专车；一旦风险指数超过警戒线，公安集团和交警等多个部门就会联合采取音乐叫停、卡口启动和“泄洪区”开闸等一系列应急措施。

毫无疑问，数字孪生打破了城市原有的空间壁垒，高效推进了智慧城市的统筹治理。但更重要的是，我们还可以在数字孪生世界中，进行各种创新模拟实践，从而判断这种方案在现实中是否可行。

2022 年的北京冬奥会可以说是史上首届“数字孪生冬奥会”。由多家机构联合打造的数字孪生场馆仿真系统（VSS 系统），覆盖了冬奥会竞赛场馆、奥运村、冬奥会主媒体中心和北京冬奥组委等多个场所，并为这些场所提供智能化服务。

冰球比赛颁奖预演就用到了这套数字孪生系统。颁奖流程是一个极为复杂的环节，需要志愿者、颁奖人员和运动员逐一上场，同时音乐、主持词要同步调度。为了顺利推进颁奖活动，组委会通过数字孪生系统，用几支模拟队伍及其他模拟要素进行了模拟彩排，从而大大节省了彩排时间和次数。

除此之外，组委会还通过该系统，实现了远程对场馆内的设置提出修改意见，减少实地勘查的时间成本与疫情防控风险；奥运转播团队可以直接通过模拟拍摄角度选择合适的机位；冬奥会运动员们无须来到现场就能选择心仪的房间、提前看现场，甚至模拟训练。

一切皆可编程，万物均需互联，数字孪生正在完成对现实世界的备份。它不但让城市的隐形秩序显性化，也为城市创新开辟了“试验田”，智慧城市因此告别了“盲人摸象”的状况。

第三节
云上城市："管道"里的隐形价值

在智慧城市建设中，电信运营商一定是不可或缺的重要角色。

智慧城市建设的核心作用之一，是实现城市精细化和动态化管理，其中涉及大量传感器铺设、数据传输和网络通信等需求，与电信运营商所能提供的底层服务十分契合。所以，智慧城市所带来的业务需求对电信运营商而言，是非常具有吸引力的重要市场。面对难得的机会窗口，电信运营商们纷纷行动起来，在各种场合展现了自己参与智慧城市建设的"雄心壮志"和实际行动。

当前，发力智慧城市已然成为市场的共识。对电信运营商来说，如何将自身在网络基础设施方面的"管道优势"充分发挥出来，是需要认真思考的问题。

不甘心的"管道工"

自个人电脑和智能手机问世以来，电信运营商所扮演的便是网络"管道工"的角色。

近几年，从 3G、4G 到 5G，从宽带到光纤，除了速度更快、信号更好之外，电信运营商没有在人们心中留下太多印象。与之相对的局面是，网络承载压力不断增加，客户需求逐渐下滑，硬件创新能力明显不足，昂贵的流量费用也饱受争议。

在移动互联网时代，互联网企业在电信运营商铺设的网络环境里做生意，却由电信运营商向用户收取流量费用，巧妙地将运营成本转嫁给后者。这个过程中，互联网公司实现了轻资产运营，而电信运营商却逐渐被“管道工”化。

迫于资金压力，一部分电信运营商尝试与互联网企业合作，甚至推出针对某个 App 的免费流量卡等特殊业务；另一部分电信运营商则开始尝试开展互联网业务，却因为“组织基因”不匹配而频频折戟。

反复折腾之后，摆在电信运营商面前的只有两条路：一条是网络公有化，成为公共事业单位；另一条是回到源头，重新掌控网络利益的分配权。而随着智慧城市建设大势的到来，电信运营商的第二条路终于开始明朗起来。

究其背后的原因，主要有三点。

首先，运营商搭上了智慧城市信息基础设施建设的快车。我们知道，信息基础设施是智慧城市的底座，无论智慧应用多丰富，都离不开网络这条通道。超高的网络带宽需求和城市精准感应的背后，是数以十万计的 5G 基站、监测设备和物联网系统，这些都能直接成为电信运营商的业务来源。

其次，智慧城市是电信运营商的最佳测试平台。过去，我们经常看到这样的新闻：某个电信运营商建了多少基站、多少物联网设备等。这些设备匹配情况如何，是否能够适应智慧城市的运行要求，没人能够给出确定的答案。但通过智慧城市这场大考，电信运营商可以充分测试自身设备和系统的适配情况，并及时做出调整。

最后，电信运营商是底层数据的掌握者。智慧城市如今已经进入数据驱动的智能化阶段，其中最大的难点就是将不同类型、不同所有者和不同目的地的数据汇聚起来。电信运营商作为数据管道的建设者，具有发展智慧城市的先发优势。数据管道不仅是万物互联的基础，而且基于“网络入口”的特性，其可以轻易得到互联网上几乎所有的数据。

不过，除了以上这些原因，还有一些隐藏的理由值得一说。

2017 年，我国国家信息中心曾对 220 个智慧城市的建设效果进行评分，其综合平均分仅为 58.03 分，尚未达到及格线。许多智慧城市项目的实际投资金额仅有当初规划时的 20% 左右，资金压力大是造成这一现象的主要原因。因此，许多地方政府急需性价比更高的解决方案来提升智慧城市建设的推进效率。在这一点上，电信运营商们远比所谓的“大厂”更加经济实惠，其不但拥有完善的网络基础设施，还有强大的服务保障能力，对地方政府而言也更有价格优势。

此外，智慧城市发展至今，还没有一个可以作为标杆的模式出现。从各地智慧城市的建设和运营效果来看，还没有跨时代的创新型突破，大部分都停留在设计层面，相关法规和标准都尚待完善。对电信运营商而言，投入智慧城市建设，早些抢占先机，在战斗中学会战斗，才是发展之道。

当下，电信运营商已经开始大幅发力智慧城市建设，市场格局已然初显：一边是互联网大厂玩家，而另一边则是电信运营商与网络基建商。结果如何，还需时间来回答。

云网融合里的机会

云网融合是当前智慧城市建设中最热门的话题之一，也是电信运营商正积极推进的发展战略。

我们在探讨云网融合之前，需要先厘清云网融合的概念。所谓云网融合，“云”是指云计算，“网”则是指通信网。在我国智慧城市的场景中，“云”负责计算，它由阿里、腾讯、华为和浪潮等一众企业提供服务；“网”则负责连接，它由中国移动、联通和电信等电信运营商提供服务。

站在技术的角度讲，云网融合就是在云计算中引入网络通信技术，在网络通信中引入云计算技术。

在数字化转型的浪潮下，千行百业“上云”的步伐明显加快，但随着企业“上云”需求的不断增加，“上云”速度慢、业务体验感差的问题也随之而来。

比如，一个企业早期可能只有一个门户网站，所有数据存在自己的私有云盘里，网站可以提供简单的浏览功能。后来，随着业务不断拓展、数据量大幅增加，企业可能在其他城市开设了分公司，远程办公、异地数据传输等需求急剧增加。常规模式下，企业需要先找云服务商购买更高级的服务器，再向电信运营商购买专线网络，才能满足以上需求。

这种方式当然并无不妥，但架设专线的时间周期往往较长，架设后还需要一个多月的调试才能稳定使用，而且繁杂的服务订购流程也在无形中增加了购买成本。这无疑降低了企业的运营效率，更让企业无法适应当下激烈的市场竞争。

造成这一现象的原因也很明显，“云”和“网”来自不同的供应商，它们彼此独立，各自运营。这种模式像极了以前家庭的宽带、电话和电视各自独立的模式，老百姓需要找不同的运营商分别安装宽带、电话和机顶盒。

考虑到市场需求，云网融合把两者的服务进行一体化打包，通过统一的云网运营平台帮助企业快速开通云网，让企业真正实现敏捷入云，还能根据不同云业务需求提供差异化的网络能力保障。

需求并非只来源于市场，云与网之间同样彼此需要。在电信运营商看来，云网融合可以有效降低设备采购成本，且在绑定机制下自己也能获得更多的业务收入。而在云服务商看来，企业与网的有效融合可以提升自身服务质量。尤其是在边缘计算场景中，网络的通畅可以让计算能力充分下沉，抵达小区、大楼，甚至到家门口。

正是基于这样的市场背景，电信运营商凭借技术优势和网络架设能力，纷纷开始尝试拓展云网融合业务。

2020 年 5 月 1 日，正值“五一”小长假。中国电信重庆分公司运用“5G+ 边缘计算”的云网融合技术，为重庆万象城购物商场量身定制了智慧商业综合体项目，并策划推出“云 VR 逛街领券”、5G 直播、AR 互动等一系列“5G+VR”线上线下购物活动。

值得一提的是，中国电信重庆分公司对云网融合业务进行了优化调整，云计算系统和 5G 通信系统被集成在同一个设备里，仅仅几分钟就可以实现云网协同。“五一”期间，重庆万象城日均线上人流量超过 1 万人，许多用户使用中国电信“云 VR 导购”进入商场，超过 4000 人参与购物中心的 5G 直播活动，且无任何卡顿。

除了消费场景外，云网融合在能源领域也展现出了巨大的潜力。中国电信青岛公司与国家电网青岛供电公司、华为在山东青岛多个地区建成全国最大规模的 5G 智能电网实验网。在云网融合的加持下，这个实验网不仅能实现基础的自动巡检、自动抄表等功能，还可以通过基于 5G 通信的配网线路差动保护，实现电网在几十毫秒内自动切除配电线路上发生的故障。不在故障区域的用户甚至感受不到故障的存在，相比于以往一有故障就全线停电的情况，供电服务水平有了巨大提升。

云网融合是基于市场业务需求和技术创新所带来的网络架构的深刻变革，使“云”和“网”高度协同，互为支撑、互为借鉴的一种概念模式。名义上，云网融合的最终目标是云中有网、网中有云，其中不但需要云计算能力的不断提升，更需要网络资源的不断优化。

等待重估的价值

目前看来，无论是云网融合还是基础设施建设，似乎都难以完全支撑电信运营商在城市智慧化趋势里的增长叙事。云网融合受制于合作的互联网企业，而基础设施建设无法保证长期稳定和可持续。

实际上，电信运营商参与智慧城市的方式还有许多，关键在于如何发挥出在大连接基础上具备运营商特色的价值，从而实现新的突破。

美国电话电报公司（AT&T）是美国知名电信公司，它给自己的定位是智慧城市建设的意见领袖。AT&T 充分发挥自己在网络通道方面的优势，积极向平台和应用拓展，旨在通过汇聚战略联盟聚合生态，将自己打造成智慧城市建设的意见领袖。

业务上，AT&T 重点布局美国能源公用事业、交通、公民参与、公共安全和基础设施等板块，提供数字化基础设施、运营中心、行业解决方案等服务。以运营中心为例，AT&T 会将不同部门的数据汇入统一的系统平台进行数据分析，为城市运营管理者提供集中信息，提升城市运行效率和公共安全水平。

网络上，为满足智慧城市的多样化需求，AT&T 选择包括 5G、4G、NB-IoT、Cat-M1、宽带、Wi-Fi 和卫星等多种网络协同配合。值得关注的是，为了尽快掌控智慧城市建设的话语权，AT&T 建立了战略联盟，与多家公司在传感技术、数据分析、平台运行和网络安全等方面开展合作。

与 AT&T 不同，英国电信运营商沃达丰（Vodafone）选择放眼全球。在起步阶段，沃达丰提出了“Ready City”的项目构想，其核心目标是在促进经济发展、保护自然环境，以及市民参与建设等方面发挥作用。即通过超前交流平台和城市文化，吸引全球各地的人才落户，促进当地经济发展；通过运用物联网、智慧传感器、城市运行平台及数据分析等工具，城市管理更加高效和可持续。

业务上，一方面，沃达丰积极发展自有的垂直行业解决方案能力，包括废物管理、智慧能源、智慧建筑和智慧交通等方面。以废物管理为例，沃达丰将物联网卡嵌入垃圾桶内，协助垃圾分类并检测垃圾桶是否装满，从而提高了垃圾处理效率。另一方面，沃达丰也通过战略合作，与合作伙伴共同为公众提供服务，包括智慧街灯、智慧水务和智能停车等。以智慧街灯为例，沃达丰与飞利浦合作提供智慧街灯服务，在提高城市安全性的同时实现了节能 90% 的惊人效果。

网络上，沃达丰使用蜂窝数据网络、卫星和 NB-IoT 技术提供物联网连接。尤其是在低功率网络的市场上，沃达丰在 NB-IoT 方面长期保持领先，也是全球第一个完成 NB-IoT 试验的运营商，且已经在西班牙、荷兰、爱尔兰、土耳其、意大利、澳大利亚、南非和德国等 9 个市场推出物联网，在全球布局智慧城市项目。

通过以上两个案例我们可以发现，电信运营商不必将视野局限在业务和城市本身，应该更多地考虑如何借助自身的特殊优势，在行业内获得足够的影响力。不仅如此，国内的电信运营商还需加快提升数据整合能力、拥有多系统集成能力，尽快将原有的“短期快钱”模式向“长期大钱”模式转变，形成长效商业模式。只有凭借这种长期且聚焦的坚持，电信运营商才能在智慧城市建设的大趋势下收获新的价值。

第四节
数据交易：复杂市场背后的冰与火

数据是数字经济时代的“新石油”。

作为一种核心要素资源，数据虽然具有普遍的使用价值，但其资产属性还没有充分体现出来。只有在实现确权、流通和交易后，数据资源才会转变成可以量化的数字资产。

为了实现数据的充分流通和交易，我国在 2020 年 4 月将数据与土地、劳动力、资本和技术等传统生产要素一同列为市场化配置的重点对象。近几年，尽管我国各地多个数据交易中心陆续揭牌，在市场上却很少听到它们的声音。交易量不足、可交易品类缺乏、市场定价不清晰等种种问题，极大地限制了数据交易中心的活跃度。基于这一现状，数据市场呼唤建立明确的法规、机制，以及有效的数据价值计量方法，从而真正地将数据管起来和用起来。

可以说，在当下，数据交易的核心问题已经从买卖本身转移到打造健全的数据交易市场。开采数字时代的“新石油”，似乎比我们想象中的更为复杂。

走出“酝酿”的怪圈

自 2015 年 4 月我国第一个大数据交易所——贵阳大数据交易所挂牌运营以来，各类数据交易中心及平台在全国遍地开花。然而，与挂牌的热闹景象不同的是，大部分数据交易中心的真实交易情况并不尽如人意。

那么，问题到底出在哪里？

一方面，从本质上来看，数据交易中心存在的价值在于让“数字石油”充分流动起来，并为这种流动赋予一定的价格机制。但我们知道，所有市场资源的流动都是建立在清晰的确权上。对数据来说，它的所有权、使用权和收益分配权往往涉及多个主体，认定过程较为复杂。

像我们熟知的电商平台消费数据，它到底是属于电商平台，还是属于卖家，抑或是属于消费者，没人能够给出确定的答案。在数字化早期，并没有针对数据权属和数据交易的相关法律法规。一个买家可能拥有数据的使用权，但其是否完全拥有数据的所有权和收益权，彼时的法律法规没有给出准确的答案。换句话说，数据交易出现问题的一大原因是市场走在了法规的前面。

另一方面，来源于数据交易中心的中介能力的脆弱性。在理想状态下，数据交易中心应该和许多证券交易所一样，是类似中介场所的地方，买卖双方在平台上进行交易，平台抽取交易佣金。但实际情况是，许多真正有价值的数据并不会放在数据交易中心，由于奇货可居，卖家并不缺少销售渠道；加之国家并没有规定数据交易必须经过交易平台，那么，对于卖家来说，与其被交易平台抽取佣金，为什么不自己销售，从而多赚一笔呢？

大部分情况是，交易双方只是通过数据交易中心来对接一些人脉和资源，真实的交易过程都绕开了数据交易中心。发展到后期，数据交易中心只能做一些数据撮合类的业务，然后抽取服务佣金，只不过这些业务在数据撮合成功后便再也不会回到数据交易中心，而这也恰好部分地解释了大多数数据交易中心的交易量上不去的原因。

此外，数据灰产也是影响数据交易中心发展的一大原因。近十几年来，互联网行业粗犷式的发展"孕育"出数据灰产，许多涉及个人隐私的信息被随意复制和售卖。一方面，这些含有明确个人信息的数据极具诱惑力且价格低廉，远比数据交易中心的合法数据有性价比；另一方面，违法数据的每一次销售都意味着私自留存、复制和转卖信息的再次发生，数据交易中心也就失去了对数据交易权的专有。

种种主观和客观原因，导致数据交易中心发展缓慢。要真正实现数据交易中心的价值，除了打击数据灰产，还必须建立明确的权属机制、定价体系和交易规则与确保数据交易正常进行的关键技术如安全保障技术，使数据充分流动起来。

构建平衡的数据资产生态

通过前文所言，我们知道数据交易的核心问题并不在交易本身，交易只是资产在高度流通化过程中的一个结果。我们需要做的是创造一个数据资产生态平衡体系。

在自然界，生态平衡是指在一定时间内，系统内的生物和环境之间、生物各种类之间，通过能量的传递，实现适应、协调和统一的状态。在数字经济时代里，从长远来看，围绕数据资产构建平衡的生态体系，是实现数据资源流通交易的必经之路。

在这个数据资产生态平衡体系中，主要有五个要素。

第一个要素当然是数据的生产者——个人和企业。个人和企业作为主要的数据生产者，是数据生态系统中的重要贡献者。虽然两者以个体方式呈现时所具备的体量极其有限，但汇聚为团体后能够源源不断地产生生态系统所需数据。它们的角色更像是地球生态系统中的草原和森林，在光合作用下，源源不断地产生氧气和水。

第二个要素是数据机制的制定者——政府。个人所产生的数据并不能直接被外界使用，它需要通过一定的确权、脱敏和定价后才能参与整个系统的运行。这一过程如果用植物在光合作用下产生水和氧气来类比，那么政府就是数据生态系统中的太阳，负责制定规则，提供“光合作用”的原始能量。

第三个要素自然是数据的消费者——如企业。企业在数据生态系统中可以看作不同类型的动物，中小企业是食草动物，大型企业是食肉动物。这些数据消费者与数据生产者形成伴生状态，共同构成一个完整的数据资源“食物链”。当然，整个数据的消费过程需要政府（太阳）的监督与指导，否则过度的消费会导致生产者崩溃。

第四个要素是公共数据，我们可以将其视为数据生态系统中的土壤。融合且开放的公共数据，能够为生产者提供更加优渥的生存和发展条件。比如，交通数据可以为个人的出行提供便利化服务，人口数据可以指导企业的经营、决策等。生产者通过公共数据获得更好的生长条件，反过来又可以为公共数据提供充足的养料。

第五个要素是数据中介，它们更像是数据生态系统中的微生物。微生物是分解者，可以将生态系统中的各种物质分解成水和二氧化碳，从而被生产者重新利用。而在数据生态系统中，数据中介扮演的就是微生物的角色。它们可以将数据清洗、分析，利用独特的算法获得数据中的多重价值。

在这个由五大要素构成的数据生态系统中，隐藏着数据资产生态的核心运行逻辑。

首先，政策法规和数据管理机制完善落地实现“阳光普照”，明确数据的确权和定价指导。其次，形成围绕数据资产的新型商业模式，发挥数据的全部价值，不拘泥于买卖本身。再次，充分考虑社会效益，形成有效的数据普惠，防止“赢家通吃”和“数据霸权”现象。最后，在技术方面要保障数据的安全共享和可信。

只有构建起这样一体化的数据生态系统，数据交易才能顺理成章。我国已经建成了《中华人民共和国个人信息保护法》《中华人民共和国网络安全法》和《中华人民共和国数据安全法》这三驾“马车”，也有多部涉及数据使用的规章制度和国家标准，数据资源也被写入《关于构建更加完善的要素市场化配置体制机制的意见》中。至于何时能够实现数据的充分流通和交易，还需要我们抱有一定的耐心去等待。

他山之石可以攻玉吗？

法规方面，欧盟委员会于 2018 年 5 月出台《通用数据保护条例》(GDPR)，对个人数据保护设立严格标准，确保个人“数字权利”；在 2022 年 2 月公布《数据法案》（*Data Act*）草案，该法案配合 GDPR 参与数据治理，对不同主体、不同数据类型、不同交易场景做出了较细化的规范，并为可能出现的权利冲突设计了相应的监管模式和争端解决机制，但这个严厉的法案引起了科技公司等一众群体的不满。其后续进展需进一步观察。

相比欧盟试图以严厉法案规范数据交易市场，美国模式则显得较为宽松和开放，其数据资产交易主要采用以下三种模式。

第一种模式是我们最熟悉的数据平台的 C2B 分销模式。在这种模式里，用户将个人数据贡献给平台，平台向用户反馈一定数额的如商品、优惠券或积分等对应的利益。例如，2011 年，美国某汽车网站就面向用户提供一款服务，用户只要提供注册车主的车辆型号、年限等信息，即可获得网站提供的各种现金优惠。

我们在国内许多 App 上也能看到这种操作模式，比如在某些外卖平台上，用户登记自己的银行卡信息就可以获得一张或几张折扣券；又比如在某些 App 中授权自己的通讯录信息，以解锁更多功能。这些类似手段，都是 C2B 分销模式的变种。

第二种模式是 B2B 集中销售模式。数据平台以中介代理人的身份，为数据的买卖双方提供交易撮合服务。在交易之前，数据提供方需要选择收款方式，设定数据售卖的期限以及转让和使用条件，并完成资质的审核和认定。美国的微软 Azure、数据集市（Data Market）等，以及我国的贵阳大数据交易所、中关村大数据交易产业联盟等都属于这个模式。

第三种模式是 B2B2C 的分销集销模式。数据平台以数据经纪人的角色，收集用户的个人数据并将其共享和销售。表面上看，这种模式并不那么“名正言顺”，但数据经纪人并不是直接从用户那里收集数据，而是通过政府、市场和其他企业公开可用的第三方渠道进行收集。

之所以使用多重渠道，是因为单个数据经纪人所拥有的数据种类非常有限，下家数据消费方往往会寻找多个数据经纪人，从不同维度丰富自己的数据以获得更全面和准确的信息。以美国数据经纪公司瑞普利夫（Rapleaf）为例，它收集了全美 80% 以上用户的电子邮件相关数据点，并可以不断地在用户的电子邮件地址列表中抓取用户年龄、性别和婚姻状况等隐私信息。为了规避侵犯个人隐私，瑞普利夫专门将用户姓名和社会保障号等详细身份数据进行了模糊处理，使得原始数据无法追踪到具体某个人。

B2B2C 分销集销模式非常值得我国借鉴，它通过数据经纪人这一中介来整合多个维度的数据资源，解决了可交易数据总量不足的问题。

之所以强调数据维度和总量，是因为此前我国大部分数据交易中心提供的数据产品都比较有限，来源也较单一。尤其是对于数据消费方来说，“非核心数据”可以对“核心数据”进行修正和纠偏，从而实现更精准地判断和决策。倘若缺乏这些纠偏的“素材”，单独购买的核心数据也就失去了价值。

以电商平台数据为例，如果只看付款额和商品类型，往往只能获得一个粗糙的商业预测。如果能够加入消费者的年龄、性别、所在地、消费时间和消费频率等数据加以丰富，一个清晰的客户画像也就出现了。但收集这种丰富程度的数据，可能需要多个提供方来完成。

通过对以上模式的分析，我们可以看出美国的数据交易产业的大体特征：上游通过多方渠道，广泛收集客户数据，即便在多数情况下客户并不知情；中游的数据经纪人充分链接各方资源，盘活整个数据交易链条；下游的数据消费方抓取多个中游，通过不同维度的数据提升核心数据的准确性。

结合当前情况来看，我们很难对我国和美国的不同数据交易理念和逻辑做出评价。单从模式来看，具备先发优势的美国，其数据交易产业生态似乎更加成熟和多元，但交易环境宽松所带来的产业繁荣，是否经得住时间考验，我们尚无法得知。反观我国，我们对数据尤其是公共数据和个人数据的谨慎态度，也许在一定程度上限制了行业的发展，但长期来看，必定会显现出其特有的优势。

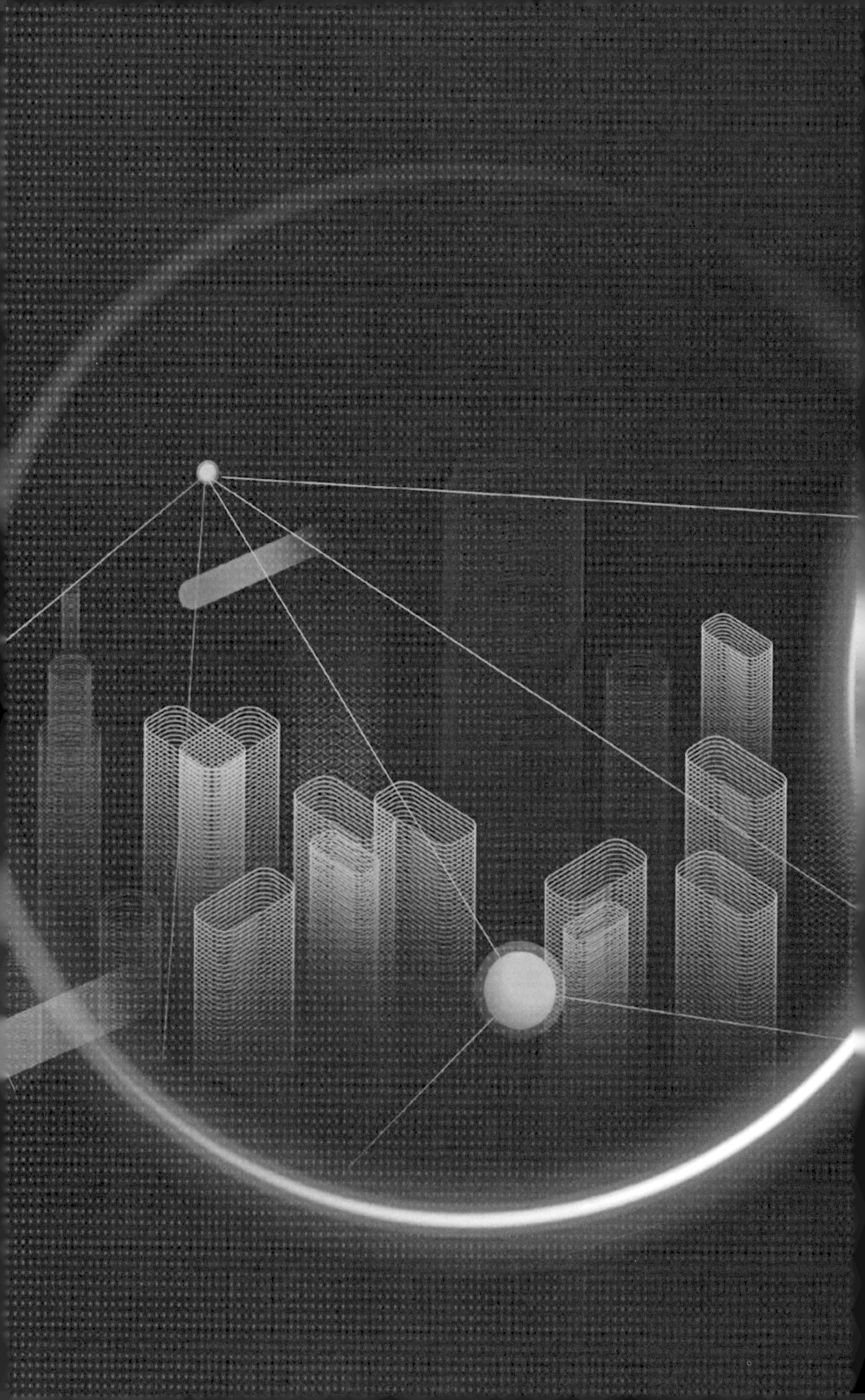

第四章

保障民众数据权利

第一节
算法困境：如何消除城市智慧内卷

在 2021 年出版的《解码智能时代 2021：来自未来的数智图谱》一书中，我们曾针对算法的偏见和霸权问题进行过深入的探讨。

人工智能产业飞速狂奔。我们对算法的担忧主要体现在其自身的安全性、排他性和垄断性等狭义层面：算法是否会隐藏设计者的"傲慢"与"偏见"？是否会形成价格和服务上的"歧视"或者"杀熟"？是否会左右老百姓的日常生活？是否会影响社会形势与国家安全？

如果我们把视野放在一个较为广义的层面上，可以看到一些端倪：一些互联网平台通过控制算法和数据，拥有了难以想象的力量。它们既是企业，又是市场，还是社会组织，对劳动者与消费者拥有相当程度的支配权，甚至有可能触碰法律底线。如果不及时加以监管，这种力量很可能在不远的将来对公众、社会甚至国家产生难以估量的影响。

智慧城市建设离不开算法的帮助，但也须要避免算法所带来的诸多问题。这些红与黑的对立，需要我们从更加审慎的视角看待。

算法≠算计

2021 年 5 月，一篇关于外卖平台的论文震惊了全网。对于大部分人而言，也许听闻过外卖平台对骑手（送餐员）送餐速度和数量的要求，但当详细且完整的调查结果放在面前时，我们依旧为之愕然。

这篇论文描述外卖骑手的送餐过程被平台的智能系统安排得明明白白。从接单时间、骑行路径，再到楼宇入口、送单顺序等，系统都会进行细致且“贴心”的规划。这些系统的流程规划并没有留给骑手多少时间余量，它指挥着骑手，并试图将他们的工作效率压榨至极限。

光是硬性规定，显然难以充分调动骑手的积极性，所以智能系统还设置了 10~40 单的阶段性奖励措施。为了拿到这些奖励，一些熟悉送餐区域的骑手会探索系统上没有的“捷径”，比如以翻过围栏或逆行等方式加快送餐速度。

讽刺的是，当平台的智能系统检测到骑手有送货捷径并提前完成了送餐任务时，便利用先进算法进行自动学习，调短送货时间以堵住这个“漏洞”。外卖平台打着“快速闪达”的招牌，一面讨好着消费者，一面将压力和成本都转嫁给了外卖骑手。

工业化以来，生产管理的相关理论包括泰勒主义、福特主义、后福特主义等，都是本着效率至上的原则，强调对劳动时间的充分利用。而在这个案例中，借助天然具有寻求“最优解”属性的算法技术，外卖平台对劳动者效率的苛求达到了前所未有的水平。

算法机制的曝光使外卖平台承受了巨大舆论压力。某外卖平台借着这波舆情顺势推出了“晚 5~10 分钟”选项，即消费者如果在下单前勾选这一选项，外卖平台就会多给骑手对应的送餐时长。明眼人都看得出来，这种看似充满人文关怀的行为，只不过是变相将算法的大刀递到了消费者手里，平台自己仿佛置身之外。

诚然，商业体系有自己的运行逻辑，但这种压榨式的算法机制已经与提高生产效率这一出发点相去甚远。大家与外卖骑手共情的背后，是对算计式算法的极度反感。

实际上，类似的算计并不只出现在外卖骑手这类工作中，写字楼中的白领同样难逃其掌控。

2022 年 2 月，一款公司应用的监控系统在社交媒体上被曝光，令无数白领脊背发凉。据报道，该系统可以针对性地监测公司员工全天的工作情况。员工的电脑或者手机只要接入公司网络，每天聊了多久微信、打开多少次购物网站都会按秒被记录在系统里。尤其是对有跳槽意向的员工，系统算法会重点检测其打开过哪些意向公司的招聘启事、投递过多少次简历，并在达到预警值后提交给公司人事部进行处理。

据报道，美国某企业便使用类似的系统来监测物流仓储部门员工的“摸鱼”情况。这套系统会在员工长时间不扫描包裹的时候发出警告并进行记录，还能在没有人为干预的情况下自动生成警告和终止工作的文书。这套系统在该企业投入使用后，曾有近 900 名员工因被判定为“工作效率低”而遭到解雇。

总的来说，企业追求效率本没有错，但这并不意味着企业有权全面剥夺劳动者的自由，算计式算法让劳动者被异化为需要连续运转、高效运作的机器。在技术创新、迭代的过程中，若是缺乏公众角度的考量、人性标准的约束，技术的发展将为技术弱势一方带来灾难，并由此引起社会大众的对抗和焦虑。

自动不平等

除了可能对劳动者进行处心积虑的算计之外，算法所面临的另一个严峻问题是可能影响社会平等。

平等是衡量一个健全社会的重要指标，在绝大多数情况下，它的考察维度在于对待社会底层群体的方式。欧美社会里经常出现这样一些疑问：算法是否是一场由精英们主导的游戏？普通人特别是贫困人口在数字时代的命运是什么？算法是否比人类更加中立、公正和明智？

这些疑问并不是杞人忧天，事实上，算法所造成的错误曾经严重影响欧美底层民众的生存。

美国在 19 世纪时修造过一种济贫院。它出现的目的起初是解决贫困，但后来逐渐演变为锁定穷人、管制穷人甚至惩罚穷人的机构。在智能时代，算法逐渐在美国社会里取代了实体济贫院的工作，使其转而进化为“数字济贫院”。

2019 年，洛杉矶市政府为了解决几十万名无家可归者的生活问题，联合科技企业打造了一款救济系统。这个系统的核心为“弱势指数”算法，在住房资源有限的情况下，系统可以按照每个人的弱势指数，将群体进行降序排列，得分高者可以获得优先的临时住房安排。

一个名为加里·伯特莱特的中年男子注意到了这一系统，并前往政府部门进行登记。他在次贷危机中因失去工作、无法偿还贷款而被银行逐出了家门。然而，由于算法机制的黑箱性（即算法的运行过程很难被观察到，且难以被大众理解），加里并不知道哪些条件能够让他及时得到临时住房安排。他将自己的信息录入系统，之后便陷入了漫长的等待。不仅如此，由于被“弱势指数”算法监控，他的信息也被同步至执法部门，每次在街上他都会受到美国警察的“特殊”关照。这令他陷入了痛苦的情绪中——他不仅无法找到工作，还被自己的亲戚朋友歧视。

最为荒诞的案例要数美国宾夕法尼亚州匹兹堡的儿童救济系统。在这套算法系统中，每个人过往的行为模式都会被记录在案，用于推测其将来可能采取的行动。在这套预测方法下，个人不仅会受到自己行为的影响，还会受到恋人、室友、亲戚和邻居等行为的影响。个人一旦被标记为“风险”和“问题父母”，相关机构便可能随时将其孩子带走，并寄养到福利院。

这种奇怪的算法带来了巨大的社会问题。一些贫困的美国民众明明可以通过正常救济渠道改善自己的生活，但在这套算法之下，为了把孩子留在身边，他们变得小心而谨慎，刻意掩藏甚至回避救济，将自己彻底固化在社会的底层。长此以往，社会对贫困人口的“歧视”将在无形中加剧，非常不利于公平社会的构建。

对此，纽约州立大学奥尔巴尼分校政治学副教授弗吉尼亚·尤班克斯用“自动不平等”这一词汇精准描述了算法所带来的美国社会问题。标榜高效的算法并未从实质上改善贫困家庭的处境，恰恰相反，嵌入偏见的高科技工具在做出和民众生活息息相关的决策时，“名正言顺”地摆脱了道德的障碍。

建构“道德算法”

算法带来的种种问题，其核心还是在于道德的缺失。

当然，对机器提出道德能动性上的要求，似乎有些荒诞，我们的主要目的是让道德成为算法的有机组成部分，即建构“道德算法”。

所谓道德算法，指的是在道德准则之下，可以被人们接受或者合乎社会要求的算法。为了更好地理解它，我们可以从三个层面来解释它的含义。

首先，算法本身符合道德要求，不会引发巨大的道德争议；其次，道德算法的定位是人类的道德决策助手，它帮助人类做出符合道德要求的决策；最后，算法作为道德的一个独立主体，能够明辨是非、善恶，并自主做出道德决策。

需要强调的是，这三层含义并不是完全对立的，而是依次递进且互相关联的。就目前的技术水平而言，也许我们还看不到它的实际应用，但科技企业和相关从业人员必须为其的实现而努力。

在大数据和人工智能领域，人们普遍认为，实现道德算法的途径主要有三种。

第一种是顶层设计型途径。美国耶鲁大学教授温德尔·瓦拉赫认为，如果道德原则或规范可以被清晰地陈述出来，那么道德算法就转变成遵守规范的问题，我们要做的就是去计算某个行为是否被规则允许而已。遗憾的是，这种观点提出的时间最早，却是最难实现的。一方面，把人类的道德规则转变成数字符号非常困难，这一点直到今天也没有多少突破；另一方面，全球各个地区的道德规则存在不小的差异，到底应该选择哪一个作为通用规则，没有达成共识。

第二种是进化型途径。既然顶层设计型途径难以实现，科学家们便开始从底层找灵感。受生物进化现象的启发，科学家们开始思考：既然道德机制是人类经过漫长的进化产生的，那么是否可以通过人工智能来模拟这种进化，从而自发地产生道德机制。进化型途径显然更加符合人类自身道德能力的生成过程，对于道德算法的实现具有更强的可操作性和现实性。

原理说起来虽然简单，但实际执行起来也有很多问题。我们知道机器学习的过程缺乏可解释性，系统到底是如何得出一个学习结果的、其内部是如何展开学习的，科学家们至今无从知晓，也就无从确定其学习结果是否“可用”，是否存在误判、错判等。这些问题给道德算法的落地应用，造成了诸多不确定性。此外，学习样本中也存在道德偏见，这些偏见将无形地渗入算法内部，导致系统存在决策隐患。

由此我们可以看出，这两种途径的差异在于数据和算法的先后顺序。顶层设计型途径是先有算法，再用数据进行比对和匹配，而进化型途径则是先有数据，再形成算法。无论我们选择哪一种，都会面临一些棘手的问题。

需要说明的是，顶层设计型途径和进化型途径是在理论层面所作的简单区分，实际操作会复杂许多。

第三种是混合式途径。为了融合两种途径的优势，一种混合式途径被设计出来。它充分吸收了二者的优点，同时弥补了二者的不足，代表了人工智能算法的主流设计理念。对于复杂问题，它在大方向上多采用顶层设计型途径，而具体到某些细节问题，则多采用进化型途径。不过，由于算法的设计和执行依旧受到硬件算力的制约，混合型途径还在实验室中进行试验，远远达不到可用的层面，我们还需要多给它一些时间。

如今，算法对我们生活的影响已经越来越明显。为了避免算法“作恶”，我国在 2021 年 9 月出台了《关于加强互联网信息服务算法综合治理的指导意见》，计划利用三年左右的时间，逐步建立健全完善的算法安全治理格局；对算法的价值导向、公开透明程度和违法违规行为等做出了指导要求，以促进算法在中国健康、有序和繁荣地发展。

展望未来，要实现效率和公平的统一，算法还有很长一段路要走。

第二节
数据权属：到底谁说了算

关于数据产权归属的争论，自互联网时代开启以来便没有停止过。

争论源于多个维度的共识缺失。比如隐私上的悖论：我们都说个人隐私保护非常重要，但大部分人几乎从来不看App弹出的隐私条款。又比如数据的权属问题：用户的确是数据的生产者，这些数据对于用户没有太多商业价值，对于企业却是“价值连城”。那么数据到底属于谁，又应该由谁来保护？

数据具有和其他生产要素截然不同的本质，我们不能将传统生产要素的特征套用在数据上。数据资源涉及多方主体，如果我们只站在主观的角度考虑问题，容易陷入“管中窥豹”的困局。

在保护大众隐私安全的前提下，想让数字技术和智慧城市更好地服务社会，我们需要一个更加全面的视角，认清数据权属的本质。

“数据三角”里的共生关系

要讨论数据的权属，我们须要先搞清楚数据中各主体的主要关系。

抛开对各种“权”的争论，在任何大数据应用场景中，我们需要关心的其实只有三个要素，即数据主体、数据生产者和应用场景。它们之间的相互作用，形成了一个循环往复的“数据三角”模型。

数据主体是指数据所描述的对象。比如打车数据描绘的就是乘客与打车行为相关的所有数据，购物数据描绘的就是消费者与购物相关的所有数据。在大多数情况下，数据主体是在没有主观意愿的情况下产生数据，也不会在这个过程中为产生数据付出多少直接成本。

这里有一个与大部分人观点相悖的结论：数据主体的活动确实产生了数据，但是数据主体并不能被看作主要的数据生产者。业内认为的数据生产者，是指那些对数据进行收集、存储、清洗和分析的企业或机构。因为它们不但有使用数据的意愿，也为使用数据花费了成本。

这并不难理解。收集数据和存储数据需要相应的存储设备投入，清洗数据和分析数据则需要工程师和系统完成，更不要说在这个过程中产生的电费、网费和维护费用。至于应用场景，无须多言，它指的是那些使用数据来进行经济活动的场景。

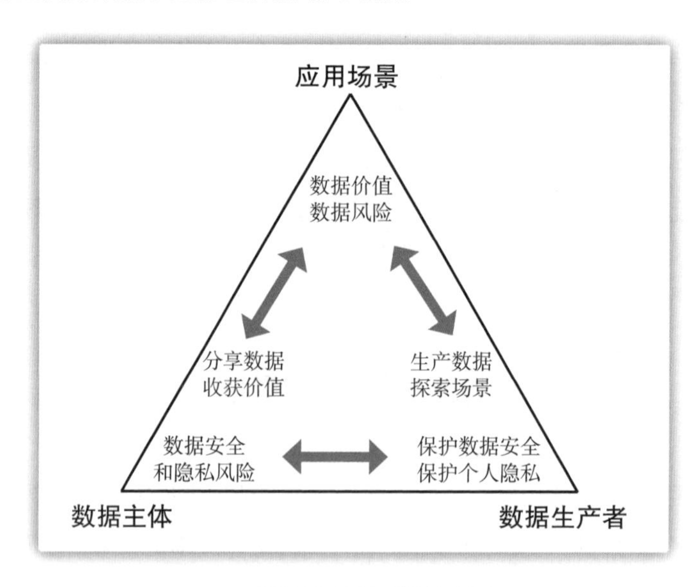

● “数据三角”模型示意图

当然，仅凭三个参与方并不能使“数据三角”模型顺利运转，它背后仰仗的是数据资产的三个特点。

首先，数据具有非竞争性。虽然我们将数据看作新时代的“数字石油”，但它与传统类资源不同的是，它可以被无限次生产和使用，且不会被消耗。这种非竞争性体现在数据可以由多方进行再生产、再挖掘，并不会因为经过某一方的使用就减少或失去了价值。

其次，数据与信息之间存在巨大的鸿沟。绝大多数情况下，数据主体所产生的东西其实算不上数据，它更像是一种信息，比如某人在何时打过车、在某地买过东西等。这些零碎的信息无法直接转化成商业价值，它们需要经过数据生产者整合处理，才能变成有价值的数据。不可忽视的是，将信息处理成数据的成本是非常高的，需要用不同的方法、流程和计算进行处理。

最后，场景是实现数据价值的唯一途径。例如，消费者通过数据的帮助，在电商平台获得个性化商品推荐；打车平台通过用户数据反馈，向订单密集区域调动车辆，解决打车难的问题；导航软件通过全球定位系统数据，为用户推荐更省时的行驶路线。之所以能够实现这些功能，是因为数据进入了现实场景中，用户需求得到了满足，企业获得了收益，场景价值得到了验证，三方实现了共赢。

基于这个“数据三角”模型我们可以发现，数据产业运作的基本逻辑在于，数据主体的客观表现行为能够通过信息化手段，以数据的方式留痕、存现并加以适当整理。当以这种方式存储的数据量级达到一定程度时，就能够反映经济社会一定的客观规律，具有显著的商业价值，并作为一种具有独特价值的经济要素参与市场经济的有效运作。

我们只有深入理解了这个三角模型各要素间的关系，才能消除对数据权属和分配机制的许多误解，站在更为客观的角度分析数据权属问题。

“你的”还是“我的”？

一直以来，在数据权利方面讨论最为激烈的莫过于数据归属问题。简而言之，数据到底是“你的”还是“我的”？

大部分情况下，参与问题讨论的主体主要是个人和企业。从个人的角度来说，我们无法忍受企业在提供产品和服务之余，利用个人留存的数据进行服务范围之外的商业活动。而从企业的角度来看，对用户的个人数据进行多方面的价值变现，能够赋予市场对企业的极大的商业想象力，也能提升产品和服务的质量。

基于双方的观点，我们可以发现矛盾的起因并不在于数据权属本身，而是数据是否被合法合规地使用。一边是部分企业毫无道德底线地滥用个人数据，另一边是饱受广告、虚假信息和价格歧视伤害的大众，在这种相互摩擦之下，矛盾便出现了升级。换句话说，既然企业守不住道德底线，大众就会对企业数据权利来源的正当性提出要求。

这无疑将难题抛给了监管部门。如果权属的界定缺失或者界定不够清晰明朗，将在一定程度上阻碍数据的自由流动、开放共享、红利释放。但如果对数据权属保护过度，则极易使数据所有者相互牵制，导致数据资源无法在市场中有效运作。

此问题并非无解，目前行业内较为通行的处理方式之一是，通过区分数据是否具有个人特征来决定数据的归属。

何为个人特征？就是那些能够直接识别特定个体的数据，比如个人的人脸照片、指纹、身份证号码和银行卡账号等内容。这些数据与个人权益紧密相关且大多伴随终身，理应只能由用户个人享有处置的权利，因此其所有权属于个人。

针对个人特征数据，企业也有自己的处理办法。通常情况下，它们可以利用隐私计算的方式，将数据中那些可以直接追溯到个人的信息进行模糊化处理，让其无法定位到某个具体的人。一些社会责任感较高的企业，还会对模糊处理作更进一步的要求，不仅要求做到数据模糊，还要求做到数据模糊的不可逆。

除了个人特征数据之外，像电商浏览数据、导航行驶数据、视频观看数据等不具备可识别性的个体数据，虽然来源于个人，但并不能完全属于个人。当然，这样认定的前提是企业在收集和使用这些非个人特征数据时，必须征得用户同意，且用户可以在后期无条件撤销和删除这些数据。

2021 年 4 月，备受关注的人脸识别第一案尘埃落定。

2019 年 4 月，我国浙江省杭州市郭某支付 1360 元购买了野生动物世界双人年卡。为了防止年卡被冒用，野生动物世界要求使用指纹识别方式入园。此后几个月，野生动物世界擅自更改入园方式，将其升级为人脸识别系统，用户必须进行人脸信息登记，否则无法正常入园。郭某认为人脸信息属于高度敏感的个人隐私，不接受通过人脸识别入园，随即要求园方退卡，但遭到了园方拒绝。

基于对野生动物世界处理方式的不满，郭某一纸诉状将野生动物世界告上法庭。其间经过两次审理，法院判决野生动物世界赔偿相关利益损失费，并删除郭某的指纹和面部信息。法院表示，生物识别信息作为敏感的个人信息，具备较强的人格属性，对其不当使用将给公民的人身财产带来不可预测的风险，应当做出更加严格的规制。

从当时的判决结果来看，虽然法院并没有直接认定个人特征信息的所属权，但判决从侧面印证了个人对自身信息的自由处置权益。正是有杭州人脸识别案这一先例，目前我国许多服务和产品都在收集和使用个人信息时进行了特别处理，用户可以随时更改自己的信息共享权限，甚至要求删除与自己相关的数据。

结合逻辑分析和对案例的阐述，我们或许可以隐约触摸到数据权属界定的内核，即如何在保护社会大众数据权利的前提下，促进数据资源的有序流通和数据产业的迭代更新。

权衡之下的公约数

从前文的讨论中我们可以发现，无论从何种角度探讨数据权属的划分问题，似乎都很难找到一个公平的解决方案。

为何数据权属划分如此困难？法律上的原因是现有的民事权利框架无法容纳一个数据权利体系，它涉及太多的权利主体，绝对的公平也就意味着绝对的不公平。深层次的原因是物权规范、合同规范和知识产权规范等制度条款的建立，大多早于数据概念的出现，这些过去的框架套不进数据这个新生事物。

在这方面，欧美国家虽然一直走在前面，但对我国的借鉴价值似乎有限。

我们先来讨论欧洲。欧盟的特点在于强调以个人控制为核心，建立用户的数据权。2018 年开始实施的《通用数据保护条例》（GDPR）明确赋予个人访问、查询、更正、删除、反对、撤回、限制、遗忘和数据可携带与限制处理等一系列权利。

对于 GDPR 的严厉程度，有两种不同的解读：一种认为欧洲在历史上遭受过两次世界大战的创伤，崇尚人权、保护权利的意识在欧洲人心中已经根深蒂固；另一种则认为这个看似对个人隐私绝对保护的法案，在很大程度上是为了充分保护欧洲本地的数字产业发展，提高了中国和美国数字企业在欧洲发展的门槛。

反观美国，其数据权属划分的特点在于以产业利益为核心。美国在促进数据共享流动与商业价值转换的主动性方面，要明显高于对个人数据权利的保护。他们主张通过适度削弱个人信息主体的绝对控制权优势，充分保障企业商业模式创新探索的空间。

在立法层面，美国并不强调凸显个人数据权属，而是强调数据公司在运用个人数据时应遵守的实体规则和程序规则，即个人可决定哪些类型的数据可以被收集、如何被收集、收集之后如何规范运用等。

不同于美国和欧盟，我国对数据权属的界定十分谨慎。

我国于 2021 年 9 月实施的《中华人民共和国数据安全法》虽然对数据保护、数据安全和法律责任等方面做出了明确要求，但并未对数据确权方面做出相关说明。这种“留白”的考量，一方面是为了保护数据产业的创新能力与活力，另一方面则是为后期法律法规的补全留下更多空间。

相比国家层面，地方在数据权属的立法层面的步伐稍快。贵州、北京、上海、安徽和福建等纷纷针对大数据的确权和利用展开了探索。基于地方视角，数据权属的划分是数据治理的必解之题，越早开展相应开创性理论研究和实践性探索，越能掌握未来发展的主动权。

我国部分相关地方性立法对数据权属的表述如下表。

这些地方性法规虽然对数据权属的界定尚不完整，但其充分体现了各地区对数据产业发展的急切需求和主观能动性。让一部分法规先“跑”起来，验证其合理性与公平性，也不失为一种探索。

本质上，所有关于找寻数据权属界定的确定性都指向一个终极目标，即通过对分享和消费数据的行为进行合理限制，最终激励数据产品、数据服务和数据资产进行更大规模生产。但实现这一目标并不容易，它还需要立法者下沉到数据生产链条中去，将法律法规和产业逻辑相互匹配，尽可能地找到最大公约数。

地区	时间	名称	内容	特点
贵阳	2017年5月	贵阳大数据交易观山湖公约	确定数据的权利人，即谁拥有对数据的所有权、占有权、使用权和受益权	提出对“数据确权”下定义的方法
上海	2016年9月	流通数据处理准则	以保障数据主体合法权益为前提，力图构建安全有序的数据流通环境，促进数据流通互联	持有合法正当来源的相同或类似数据的数据持有人享有相同的权利，互不排斥地行使各自的权利
西安	2018年11月	西安市政务数据资源共享管理办法	将政务数据作为政府的虚拟国有资产管理，政务数据资源权利包括所有权、管理权、采集权、使用权和收益权	全国第一个地方政府发布的大数据五权集中的规范性文件，从制度层面解决了数据在各个环节的权属问题
天津	2022年1月	天津市数据交易管理暂行办法	数据供方应确保交易数据获取渠道合法、权利清晰无争议，能够向数据交易服务机构提供拥有交易数据完整相关权益的承诺声明及交易数据采集渠道、个人信息保护政策、用户授权等证明材料	从数据交易的动态维度来表达数据确权的内涵，但从具体的条文来看，有关“数据确权”的内容仍然相对模糊
深圳	2022年1月	深圳经济特区数据条例	率先明确数据的人格权益和财产权益	确认了自然人在个人数据上的人格权益，以及数据处理者对数据产品和服务的财产权益
上海	2022年1月	上海市数据条例	明确数据交易民事主体享有“数据财产权”	表面上并未对数据权属加以明确规范，但对合法数据的收集、存储、使用、加工、传输、提供、公开等环节的流程都加以规范，这实质上是“只做不说”“先做后说”“让子弹再飞一会”的务实态度的体现，待时机成熟再厘清各方数据权属
重庆	2022年7月	重庆市数据条例	明确处理涉及个人信息的数据时应当遵循合法、正当、必要原则和其他相关规则，建立投诉举报制度，畅通个人信息保护渠道	暂时未对数据权属给出明确定义，但从收集、加工、传输和共享层面进行了规则上的制约。对公共数据强调“共享为原则、不共享为例外”

第三节
数字技能：智慧化进程一个都不能少

1990年，美国未来学家阿尔文·托夫勒在他的著作《权力的转移》（*Powershift*）中提到了一个概念——数字鸿沟。它指的是在技术发展的过程中，科技成果所带来的好处并不会均匀、公平地覆盖整个社会，而是存在一定程度的差异。基于收入、年龄、知识水平和生活环境等因素所造成的数字化体验差异，就是托夫勒所说的“数字鸿沟”。

随着智慧城市进程的发展，数字鸿沟的问题再次被大家关注。如今，上网速度越来越快，科技产品越来越丰富，大众生活也越来越智能和便捷。正是这些令人瞩目的成就，让我们从“无能为力”转向“有求必应”，能够腾出精力和时间关注那些没有跟上社会发展速度的群体。

过去，我们将数字鸿沟看作科技发展过程中的“负”产品，承认并理解其背后的无可奈何。如今，我们要借用智能化的力量，发现社会中的薄弱之处，尽全力填平这些数字鸿沟。科技是一种能力，但人性化是一种选择。

严峻的数字鸿沟 2.0

智慧城市在发展，数字鸿沟也在“发展”。

早期的数字鸿沟出现于移动互联网发展初期，一些群体能够熟练使用智能设备，从而享受互联网服务；另一些群体则因许多客观因素，无法顺利使用智能设备而导致数字化掉队。随着智能手机等设备的价格下降、网络覆盖面不断扩大，数字鸿沟所带来的负面影响也随之消减。

这种消减在一定程度上解决了影响数字鸿沟的外部因素，但在民众内部，一种新的数字鸿沟正在产生，我们可以称它为数字鸿沟 2.0。其具体表现为：一部分网民有更多的时间，以更快的学习速度使用智能设备，从而更方便地获取公共服务、参与社会治理。另一部分网民则仍停留在互联网发展初期，他们多由此前掉队的网民组成。对于后者来说，以前的知识还没学透，新的知识又接踵而来。

两大群体之间原本存在的旧数字鸿沟被数字鸿沟 2.0 取代，即两大群体之间的差距依然存在。这种差距实际上是两大群体之间的数字接受能力强弱的不同表现。与之前不同的是，数字鸿沟 2.0 所导致的这种差距，已经很难通过外部影响进行消减，而且随着时间线的不断拉长，这种差距也呈现出扩大趋势。

以新冠肺炎疫情为例。经过互联网时代上一阶段的“教育”，许多老年群体可能刚刚学会使用聊天软件进行简单的沟通交流，还谈不上熟练使用手机。“健康码”一出，他们之前的学习成果似乎又要面临新的考验。很多老年人不会申领、不会填写、无法打开“健康码”，以至于我们经常可以看到被堵在公共区域入口处的不知所措的老人。有媒体记者专门采访过这些老人，他们的回应也让人心酸不已：“不去那些要‘健康码’的地方”。

单一场景的使用障碍尚且可以通过他人帮助来解决，但在其他数字化场景中遇到问题就没有这么容易解决了。银行自助服务机存取款、餐馆使用二维码点餐、停车场自动缴费和电子发票获取等许多场景，都会卡住一批“数字化贫困者”，他们不全是中老年人，还有一些知识“掉队”的青壮年群体。

由此我们可以看出，数字鸿沟 2.0 的主要体现是个体获取技术的障碍，它衡量的是使用质量，而不是访问机会。如果个人不能跨越这条鸿沟，就无法成为数字社会里合格的一员，也就无法享受数字社会带来的种种便利，参与社会活动、公共管理和教育生活的机会大大减少，在极端情况下，甚至存在被社会边缘化的可能。

我国政府显然看到了这一问题。早在 2020 年 11 月，国务院办公厅便印发了《关于切实解决老年人运用智能技术困难的实施方案》的文件。在这份文件中，我国对老年人的疫情防控、交通出行、消费就医等多个方面给出了指导建议和相关要求，明确指出除了必须保留传统的服务方式外，还要开展对老年人的智能化帮扶培训。

施加外在影响是一方面，尊重老年人的数字化选择也是可行的另一方面。在深圳，一张由深圳政府委托平安银行发行的金融 IC 卡——智慧养老颐年卡，成为探索面向老年人的智慧城市数字化服务的一个突出案例。

这张智慧养老颐年卡是面向在深圳居住、年满 60 周岁的老年人发行的政府养老服务电子身份凭证卡。它集合身份识别、敬老优待、政策性津贴发放、银行储蓄卡、市政城市一卡通五个功能于一体，非常适合那些对卡类设备“念旧”的老年群体。该卡自 2020 年 4 月推

● 让老年人也享受数字红利

出至今，申请量已超 78 万人，在深圳户籍老年群体的覆盖率已超过 90%，成为深圳老年人居家出行的常备品。

毫无疑问，智慧城市不仅要帮助弱势群体克服数字鸿沟，更要从促进社会包容与体谅的角度出发，真正实现智能化普惠的愿景。

不让一个孩子掉队

在美国硅谷生活的高收入家庭，聘请保姆时往往会与之签订一个“禁止手机”的合同。这类合同会规定，保姆在孩子面前不能使用任何带有屏幕的电子设备，包括手机、平板电脑和智能手表等，除非是孩子的父母特别提出要求。

在过往的认知中，我们一般会认为高收入家庭的孩子可以拥有最前沿的数码产品，而低收入家庭的孩子可能连上网都不会。如今，这种情况出现了反转，高收入家庭的孩子较少使用数码产品，他们会将更多的时间花在学习、旅行和其他室外活动上，而很多低收入家庭的孩子却陷入数字娱乐世界中。

根据美国非营利组织“常识媒体（Common Sense Media）”的一项研究数据，美国低收入家庭的孩子每天平均会在数码产品上花费 8 小时左右，而高收入家庭的孩子则只会花四五个小时。原因显而易见，数码产品越来越便宜，很多低收入家庭的家长认为它们可以代替昂贵的音乐课和体育锻炼等，这是他们的无奈之举。由此看来，青少年面临的数字鸿沟表现得更为隐蔽，其实际是相比高收入家庭，那些支付能力较差的低收入家庭因无法给予下一代较优质的线上、线下教育资源，尽管知道数码产品存在内容良莠不齐等问题，在数字时代还是只能选择任孩子较多地接触数码产品。而孩子本身缺乏对数字内容的判断力和自制力，如未得到正确引导与约束，很容易遭受游戏和其他娱乐内容的侵蚀，这一问题在部分低收入家庭的孩子中更为常见。

2019 年 3 月，在我国国家互联网信息办公室的推动下，国内许多流媒体平台和游戏 App 上线青少年模式，从内容推送、观看时间、付费封锁和软件功能等多个方面对青少年用户进行严格限制。

问题解决了吗？解决了一部分，但没完全解决。

青少年模式并非强制操作，且只在每天第一次打开 App 时进行提示。要设置这个模式，必须监护人在进入软件后设置青少年模式的解锁密码和验证信息，烦琐的步骤拦住了一大批本就身处数字鸿沟里的家长。

此外，青少年模式下，许多软件的内容非常欠缺。如果你打开一些视频 App 的青少年模式就会发现，里面的视频内容大多是低龄动画片或者育儿类节目，完全不适合处于九年义务教育阶段的孩子，对他们更谈不上什么吸引力。对于年龄较小的儿童，家长或许可以对其进行限制，为其选择青少年模式，但是面对初中、高中阶段的年龄较大、思想更为独立的未成年人，家长很难对其用网行为进行严格限制。我们无法将内容上的欠缺归因于企业，站在企业的视角看，青少年群体属于商业转化价值较低的用户。商业逻辑告诉我们，企业很难把资源投在看不到较多回报的地方。

正因如此，在智慧城市建设的范畴，打造优质的数字内容也是其非常重要的组成部分。优质的数字内容不仅可以丰富老百姓的数字生活，也可以弥补面向青少年群体的数字内容匮乏的问题。

这个方面不乏优秀案例。2021 年 9 月，腾讯视频在相关部门的指导下，上线了“给孩子们的大师讲堂”系列课程。包括中国科学院院士王志珍，中国月球探测工程首任首席科学家、“嫦娥之父”欧阳自远，被《自然》（*Nature*）期刊称为“量子鬼才”的中国科学技术大学教授陆朝阳等在内的学者专家，分别用深入浅出的方式给青少年讲解蛋白质科学发展中鲜为人知的故事、月球背面的秘密，以及量子计算背后的趣味原理，受到了广泛好评。

听见残障群体的声音

2016 年 5 月 15 日，在第 26 个全国助残日当天，四位视障人士来到我国四川省成都市街头拿出事先准备的标语，做了一场别开生面的行为艺术。

标语上这样写道："我升级了，盲人不能用"，矛头直指国内某支付软件。原因是该软件在升级之后，支付密码的输入界面无法被手机朗读程序识别，视障用户无法通过声音反馈输入支付密码。

几年过去，这种担忧和焦虑早已被人们遗忘。发达的技术和日新月异的智慧城市应用，有效提升了残障群体的生活质量，更尝试将他们带入数字化的快车道。

我们每个人在漫长的人生中都或多或少会处于"残障"状态，这是无法回避的事实：年长之后，人的听力会逐渐减弱，视物也不再那么清晰，腿脚更不如从前灵活。所以，保障残障人士的生活权利，就是在保障我们每一个人的生活权利。

提及残障群体，我们首先会想到的大概是无障碍设施，包括电梯、无障碍扶手和盲道等。而在数字时代，残障群体不仅需要设施的无障碍，更需要信息的无障碍。比如，视障群体对信息无障碍的要求非常高，他们更加依赖于听觉和触觉这些感官来接受信息、认知世界。在智慧城市中，我们需要尽可能地将视觉图像信息转化为声音和触感，以便他们更方便和快速地获取信息。

除了有口述影像功能的手机之外，我们在智慧城市中还须要配备专门针对视障人群的口述影像服务。视障者在"观看"电视和电影时，只需戴上专业的耳机就能听到时间、空间、人物表情和动作方面的解说，达到观赏的目的。

我国的口述影像服务起步较晚。2007 年，上海市残疾人福利基金会和上海市盲人协会曾创办过多场"为盲人讲电影"的系列公益活动。2013 年，中国盲文出版社发起的康艺无障碍影视发展中心正式挂牌成立，为全国视听残障人士制作、推广无障碍影视作品。此后，随着政府机构、公益性非营利组织、高等院校以及一些商业机构等的支持和关注，全国其他地区的无障碍电影放映相继开始，在广州、济南、成都、天津等地区都开展了无障碍电影相关服务活动。

口述影像的发展满足了残障群体对文艺内容的需求，而针对残障人士的信息服务亟待相关机构完善。为了解决这一问题，中国盲文图书馆信息无障碍中心研发了视障群体专用盲文电脑。这种电脑通过读屏软件把屏幕上的文字信息转换成盲文“显示”在键盘上，视障人士可以通过触摸键盘上的盲文了解电脑屏幕上的信息。如今，已经有 1000 台盲文电脑下发至全国各地的盲校，它们正成为视障群体学习数字知识，享受智能化生活的重要工具。

2021 年 2 月，中国移动专门为视障群体推出了一款助残“科技眼”产品。通过物联网传感装置，这个产品可以实现视频对讲功能，位于后台的志愿者可以通过手机 App，实时查看视障人群周围的情况，帮助他们寻找物品，使用洗衣机、电饭锅和微波炉等家用电器。

当然，对残障群体的帮扶不能只依靠智能硬件和软件，想让他们真正融入社会，离不开完善的综合服务。在这方面，上海走在了前列。在对外公布的《上海市残疾人事业发展“十四五”规划》中，上海将充分利用云计算、大数据和物联网等技术，建立残疾人资源平台，提供就业推荐、技能培训、康复训练和法律援助等服务，并争取在 2025 年培育 20 名残疾人创业领域的领军人才。

总之，在数字鸿沟面前，一个合格的智慧城市应主动伸出触手，不断突破技术本身的束缚，把本该平等连接的众人拉得再近一些，帮助每个人都拥有获得对称信息的机会。

第四节
人民城市：让智慧城市更人性化

在历经多年探索和建设后，智慧城市已经回归理性。

越来越多的地方政府和厂商，不再热衷于智慧城市那令人眼花缭乱的概念与叙事，转而用更为谨慎和实用的态度，思考如何用“智慧”切实解决城市中的主要问题。在这个过程中，智慧城市被赋予了诸多使命，如智能、韧性、绿色和人文等。每一个使命看似不关联，但都指向同一个方向，即人民城市。如何强化智慧城市的获得感，提升人民生活质量，是我国在智慧城市发展中不断探寻的课题，也是我国智慧城市建设的终极目标。

城市是人民生活和文化的重要载体，在智能时代，更需要将技术创新和人文精神完美结合，才能打造出具有人文关怀的智慧城市。

技术的障目者

早在2016年，美国《波士顿环球时报》（*Boston Global*）就刊登了一篇报道，标题为“再见，交通信号灯”。

当然，波士顿并没有拆除城市里的信号灯，这篇文章源于麻省理工学院的一个研究课题——“智能交叉路口”。

这个路口的特殊意义在于可以使自动驾驶汽车无缝汇合，错车时再也不用减速。按照研究人员的设想，一旦这项技术得到应用，城市交通情况将得到极大改善。政府将无须花大量资金去修建四车道或六车道，两车道便足以承载绝大部分城市的汽车保有量。

仅从目的来看，这项技术如果落地应用，交通阻塞必将成为历史。不过，麻省理工学院的研究团队在设计之时忘掉了一个重要的因素，那就是行人。更讽刺的是，他们选择的研究模型是波士顿市中心最为繁华的一个路口，每天有数以万计的游客和上班族在这里穿行。

的确，如果马路上没有行人，全球大部分城市的交通拥堵早就消失了。这种忽略实际情况，只解决单一问题的方案确实影响了很多城市规划者。就像许多人曾经畅想的那样，随着自动驾驶汽车技术的逐步实现，汽车将从工具属性变成出行服务属性，公路上将不再需要这么多的汽车，大众买车的需求将大大降低，城市也不再需要建如此多的停车场。

这个案例中，研究团队忽视了城市需求的多样性和交通的复杂性，眼中只有交通效率，只想着如何让汽车开得更快。它们把交通效率凌驾于可步行性和城市活力之上，忽略了人作为城市主体的重要性，更忽略了人本身的重要性。

正因如此，我们可以看到许多城市虽然车道越来越多，高架桥越来越复杂，桥梁修了一座又一座，但交通情况没有多大改善。问题出在哪里呢?

在前面的章节中，我们反复强调城市是一个复杂的巨系统，其特点就是牵一发而动全身。如果只把交通问题归因于汽车造成的拥堵，那么我们思考问题的角度就转换成了怎样保障车辆优先通行。我们只需要找到那个能够解决问题的技术，就万事大吉了。若所有城市问题都经过这样的简化，技术便会凌驾于一切之上，挡住规划者的视野。

为了防止落入唯技术论的陷阱，我们需要站在更为综合的视角，明确三个原则。

其一，解决复杂的“真”问题，而不是简化后的“假”问题。比如不能把交通堵塞简化成车辆拥堵，不能把助残助弱简化成捐款补贴，不能把疫情防控简化成一刀切式封锁等。

其二，让技术服务于社会需求，而不是调整社会需求来迎合技术。正如知名投资人查理·芒格所言：拿着锤子的人，看什么都像钉子。我们应该把技术当作提升城市管理和运行效率的工具，但不能让技术主宰城市，城市的治理需要技术，更需要其他社会化方式。

其三，确保技术能够惠及每一个人。对于智慧城市的建设者来说，应该明确自身作为公共管理者的角色，不能让技术成为少数人的独享品，更不能让技术成为制约的工具。

回归城市视角，逃离技术的障目怪圈，可能是许多智慧城市实现可持续发展的首要任务。

人民城市人民建

习近平总书记对人民城市建设很关心。早在 2015 年，他便在中央城市工作会议上强调，“做好城市工作，要顺应城市工作新形势、改革发展新要求、人民群众新期待，坚持以人民为中心的发展思想，坚持人民城市为人民”。2019 年 11 月，他提出：“人民城市人民建，人民城市为人民”。

诚然，智慧城市作为城市文明的新形态，不应该只是智能化技术的独舞，更需要城市居民的共同参与和共同管理。这既是践行习近平总书记的殷切嘱托，也是智慧城市持续发展的必然结果。

随着数字技术的不断发展，以及大众参与城市治理热情的提升，政府与大众“共建共管”的特殊形式贯穿于整个智慧城市的发展过程之中。这种变化也在推动城市政府职能转型，即由单一的权力管制型，转为以协调多方利益、平衡各方诉求为核心的服务型。

近年，我国不断尝试向政府和民众“共建共管”智慧城市迈进。比如，中国政府网和各地方政府在两会之前，专门推出“政府工作报告我来写”活动，充分展示了让市民参与智慧城市发展决策和治理的决心。此外，各地政府推出“市长信箱”，通过社交媒体平台等途径对社会热点事件进行回应，这些举措都充分印证了政府对市民参与智慧城市建设的重视。

韩国首尔也在不断尝试“共建共管”智慧城市模式。早在智慧城市建设之初，首尔便喊出了“市民即市长”的口号，通过构建城市数字化治理平台，实现市长决策、部门响应和市民参与的全流程数据贯通，让市民的意见能够被充分采纳。

2020 年，首尔在 CES 展会（国际消费类电子产品展览会）上发布了基于“市民作为市长”理念的智慧城市平台，旨在为市民提供与市长相同的实时信息访问权限。该平台采用云计算、物联网、人工智能、区块链等数字技术，决策者可以实时查看城市中发生的一切，并直接与现场人员进行沟通，向市民提供与市长相同的实时交通、城市灾害和空气质量信息。

除了基础的意见反馈之外，市民在突发事件中所表现出来的灵活性和主观能动性，也是智慧城市“共建共管”的另一种表现。

在一场暴雨灾害中，一位大学生在公开平台上创建了《待救援人员信息》文档，里面收录了求救人员信息和救援人员信息等。由于其特有的公开编辑属性，文档在建立的 24 小时内，浏览量超过了 250 万次，数千人参与了文档的信息更新。

在每一位热心网友的帮助下，文档从最初的电话号码和姓名，逐渐拓展出求助信息、避险地点、漏电地区和物资援助等 20 多个分类项目。详细的类目和准确的信息，在某种程度上补充了政府当时掌握的资讯，为许多灾区居民的获救争取了宝贵的时间。

实际上，这份文档只是民众参与城市治理的一个微小场景。从更大范围来看，相比传统的政府治理理念，由数字技术、城市居民和政府组织所建构的人民城市治理框架，彻底改变了往日的陈旧范式，通过意见反馈、协作互助等方式，在一定程度上实现了“人民城市人民建”的美好愿望。

未来，这种协作方式如何在更大范围内展开，如何有效融入城市政府的基层治理之中，还需要政府和市民进行更多的交流与探索。

把“人文”刻进城市肌理

自智慧城市概念诞生起，人文便和智慧存在着密不可分的关系。

这种密切的关系并不是凭空杜撰的，从世界智慧城市建设的总体进程和我国智慧城市发展的阶段特征可以看出，智慧城市将会走向人文城市，也必将走向人文城市。

在现代城市的理论话语中，城市建设大体可以分为两种不同的发展理念：一种是形体主义的发展理念，强调规划作用、功能主义和经济的稳固增长，注重规则与秩序；另一种则是人文主义的发展理念，强调城市多样性、市民安居乐业，反对机械化的规则。毫无疑问，人文主义的方向与人民城市的定义具有异曲同工之妙。

从我国城市发展的实际情况来看，要更好地推进智慧城市向人民城市过渡，就需要处理好发展和目标之间的关系。“以人民为中心”既是智慧城市发展的目标，也是衡量智慧城市发展价值的试金石，能够为下一阶段我国智慧城市建设指明方向。

作为带有科技符号的术语，智慧城市里所有的一切都建立在信息与通信技术的基础之上。那么，如何将这些数字化技术与人文联系起来呢？关于这个问题，位于美国“铁锈带”的匹兹堡市给出了一个答案。

匹兹堡曾是美国重要的钢铁工业城市。过度繁荣的工业体系严重影响了匹兹堡的环境，许多早期聚集在这里的企业和工厂，最后却因为城市环境恶化不得不离开。

为了挽救自身岌岌可危的发展环境，匹兹堡经历了三步走的大战略：改善环境——城市建设——人文打造。在迁出工业企业和重建城市之后，匹兹堡并没有停下建设的脚步。在旧城改造中，匹兹堡特意保留了原有的钢铁厂和锅炉房等建筑，让这些工业遗迹和现代设施相生共融。

不仅如此，当地市政府还联合科技企业，对这些设施进行了智慧化改造，在老工业建筑裸露的水泥柱子里埋入光缆与传感器，打造出独特的市中心自动驾驶实验路段。许多自动驾驶企业闻讯而来，纷纷在周边落户自动驾驶实验室。这种标新立异的结合方式，不但解决了智慧城市场景中的用地需求，城市里旧工业时代的痕迹也被完整保留，还聚集了一大批科技巨头企业，为当地居民提供了优质的就业机会，可谓一箭三雕。

后来，匹兹堡还专门发起“符号项目（Pittsburgh Signs Project）”，吸引了无数市民通过各种摄影器材，拍摄身边的城市文化符号并发布在网上。他们将目光聚焦在城市标语、商业招牌、交通标志和公共雕塑等具备城市精神的象征物上，记录这座城市所经历的各种发展与变化，探讨如何将城市建设得更具有吸引力。每一条讨论都被匹兹堡政府部门详细记录，用于城市后续建设参考。

这种发起于政府、聚焦于城市、参与在民间、呈现于互联网、归结于文化变迁的活动，充分展示了智慧城市对数字化传播技术的利用，展现出独具城市人文色彩的关怀与价值。正是基于富有人文底色的理念，匹兹堡诞生了如安迪·沃霍尔等一大批现代艺术家，也吸引了一众互联网巨头落户。

我们并不期望每座城市都与匹兹堡一样将人文艺术作为智慧城市建设中不懈追求的目标。实际上，智慧城市建设的终极愿景，是既有物质与技术的便利、制度和秩序的保障，又有市民的幸福与梦想的实现。这里的每一个步骤，都是环环相扣、密不可分的。我们所需要做的，就是从城市发展的路径中探索出个性化的人文色彩，为智慧城市着色。

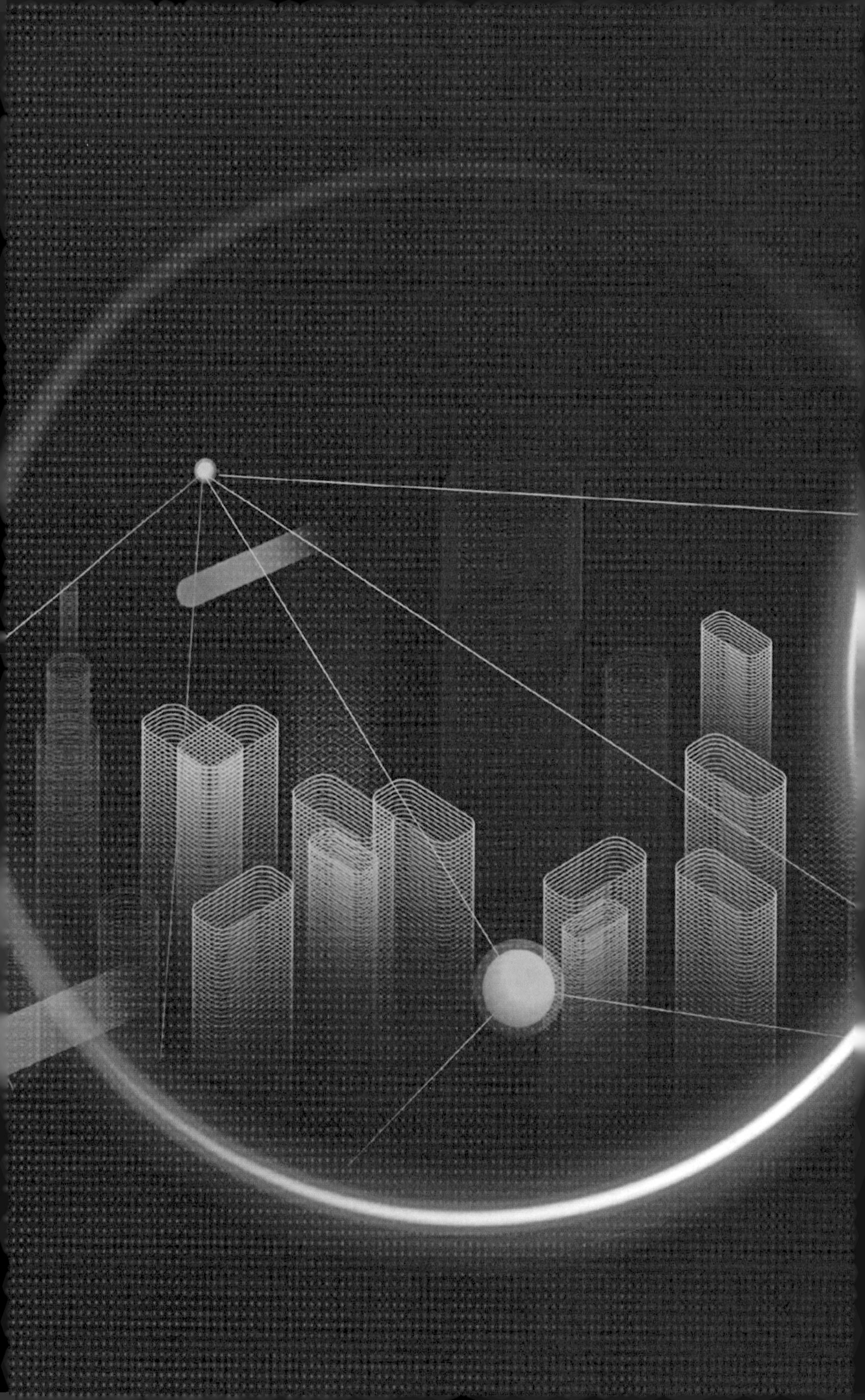

第五章

激活智慧生态密码

第一节
敏态系统：让大象也能跳芭蕾

贾雷德·戴蒙德的《剧变：人类社会与国家危机的转折点》（*Upheaval: Turning Points for Nations in Crisis*）中有这样一句话：比起逐渐积累起来的问题和预期将来会出现的问题，突发性重大问题更易激发人们的能动性。

这或许是源于人类的“健忘”，但对于智慧城市这个庞然大物而言，迟钝、不确定或者无知都意味着灾难。出现网络瘫痪、电力中断、洪水泛滥、交通拥堵等任何一个问题，都可能摧毁这座脆弱的庞大“建筑”。

城市需要构建敏态系统。与过去那种各行其是、各自为政、分兵把守的系统不同，这是用“数据 + 算法”驱动城市实现全程、全时、全模式、全响应，从而构建起的一个把“风险扼杀在摇篮”里的敏态社会。

对抗不确定性

按时令耕种、利用牛顿力学把飞行器送上太空……几千年来，对抗不确定性、降低风险，成为人们认知自然规律与社会规律的内在动力，而信息就是降低或消除不确定性的工具之一。

以医疗领域为例。1963 年，诺贝尔经济学奖得主肯尼斯·约瑟夫·阿罗发表论文《不确定性和医疗保健的福利经济学》（*Uncertainty and the Welfare Economics of Medical Care*），指出“医疗服务的特殊性源于其普遍存在的不确定性”。如何理解这句话呢？现代医学掌握了数千种药物和治疗手段，每种药物和治疗手段都有不同的使用要求、风险和注意事项。这样巨大的不确定性，让医学成为一门典型的掌控复杂信息的艺术，医生只有在搞明白了药物和治疗手段之间的信息后，才能最大程度消除治疗疾病的不确定性。

要降低或消除不确定性，只靠信息显然不够，信息只是一段“结绳记事”的记录。那么，还需要什么呢？智能是另一个有效工具。英国学者罗素有句名言，大意是“智能始于征服恐惧，人们恐惧不确定性”。什么是智能？智能就是一个主体基于信息变化进行快速响应的能力，这种响应能否实现资源配置的优化，会影响到个体的幸福与否、企业的成败、城市的兴衰、国家的繁荣衰落，甚至影响历史的走向。

过去，这种智能是基于经验的决策。比如城市劳动市场中广泛存在劳动关系，劳动关系中充斥大量劳动纠纷。特别是在纸质政务阶段，由于政府部门、用人单位和劳动者之间存在信息差，政府在干预用人单位和劳动者的纠纷时，难免通过含糊的经验进行判断，因此可能造成更大的纠纷。那么，如何更加客观地解决这些问题呢？

2021 年 5 月，由我国重庆市九龙坡区打造的和谐劳动关系公共服务智能平台正式上线发布，这是我国首个探索劳动纠纷提前介入、在线实时调解的智能平台。其中的“劳动关系风险监测预警体系”可以监测劳动用工、社会保险、工资发放、生产安全、权益维护、稳定经营、组织机制七大维度，以及拖欠工资、欠缴社保、员工纠纷、违法经营等 27 个控制点，并且接入市监、应急、环保、法院、公安、银行、水电气等部门数据，让劳动关系中的矛盾隐患可以被提前发现、提前介入、提前预防、及时化解。

九龙坡区和谐劳动关系公共服务智能平台的成功应用，为政府、用人单位和劳动者提供了和谐劳动关系一体化的解决方案。由此可见，真正的智能需要建立在理性的科学上，随着主体变得碎片化、场景化、实时化、互动化，基于“数据 + 算法”的决策成为一种新的智能。

作为智慧城市的基石，数字政府是最早探索“数据 + 算法”的主体，目前已经走过三个建设阶段：第一个建设阶段是以提高部门办事效率为中心的业务信息化阶段；第二个建设阶段是以提高公众服务效率为中心的“只跑一次”“一网通办”阶段；第三个建设阶段是以提高政府综合管理能力为中心的“一网统管”阶段。

透过三个建设阶段的变化，我们发现政府正在被智能技术应用的普及持续刷新，逐渐完成从基础设施的投资建设者向应用合法性的监管者转型。从深层次来看，这是一种从冗余思维、静态思维，走向精准思维、动态思维的过程。我们通过规律模型化、模型算法化、算法软件化、软件代码化，对抗越来越复杂的不确定性因子，实现物理世界在赛博空间的精准映射。

此外，智慧城市是一个融合科学技术、管理学、社会学、制度法规等多领域的主体，降低或消除城市建设、管理中的不确定性，必须高度重视“人的作用”，即城市的智慧离不开城市管理者的智慧。比如迪拜的“10X”计划（即利用前沿科技手段寻求突破，实现迪拜发展领先其他城市 10 年）背后是迪拜酋长谢赫·穆罕默德·本·拉希德·阿勒马克图姆的推动，巴塞罗那倡导的“数字主权战略”是该市首席技术官弗朗西丝卡·布里亚倡提出的。

总之，我们掌握信息、利用“数据 + 算法”构建机器智能、拥护城市管理者的智慧，就是为了消除城市这个复杂系统里的不确定性危机，戳中那些本质的问题。

响应的快与慢

既然智能来自响应，那么提高响应能力，就成为智慧城市建设的“第一性原理”。应该如何做呢？“动态数据处理”和“技术响应手段”就是两个关键短语。

动态数据处理反映了智慧城市的活力。然而，事实上，在过去的智慧城市建设中，虽然已经将小到纸质文件、大到建筑楼宇的物理实体转化为数据，但这种转化是静止的。这些没有处在运动状态的数据，往往会在海量数据中“沉没”，甚至成为其他数据的覆盖物。

有没有办法让这些数据“动起来”呢？这里有一个国内的例子。2020 年 12 月，由百度提供相应技术支持，海淀城市大脑“时空一张图”正式上线，上线时该系统涵盖全区 17 万多幢既有建筑物、1.9 亿平方米建筑面积、1 万多个摄像头点位、249 个数据图层等信息，为城市交通、城市管理、公共安全、生态环境、街镇应用五大领域提供地理空间服务。

在该系统中，百度地图作为城市空间信息的集成基底，可以汇聚不同的业务场景，实现对不同城市领域的多源异构数据的关联和分析，并在统一的高精度底图中进行动态展示。比如，在渣土车综合治理领域，海淀城市大脑在外部打通城市物联网传感器，在内部打通各部门业务数据，建立起渣土车全流程管理系统，该系统可以实现对渣土车违规行为的精准识别、轨迹追踪和自动处理，一旦渣土车出现违规行为，便会立即反馈给相关部门，并以短信方式通知司机。

如果说动态数据处理是智慧城市的“肌肉细胞”，那么技术响应手段就是智慧城市的“肢体语言”。

从 IT 架构来看，技术响应手段离不开软件和硬件的配合，随着传感器和物联网技术的发展，似乎所有的 IT 产品都演变成了智能产品，软件的迭代需要更强大的硬件来支撑，硬件的发展也离不开软件的推动。“竞争战略之父”迈克尔·波特将智能产品分解为 4 个功能模块，分别是动力部件、执行部件、智能部件、互联部件，它们通过协作实现可监测、可控制和可优化。这样的智能产品，包含了更强的技术响应手段和更快的响应速度，而技术响应速度的提高，对于城市产业的发展具有重要价值。

以杭州市为例，作为我国最大的服装出口城市之一，过去一个外贸服装订单量一般需要达到百万级，交付成本高且时间周期长。对于中小企业来说，有没有一种小单量、多批次、高效高品质的生产选择呢？“犀牛智造”是阿里巴巴打造的新制造平台，通过推动设备、产线、工艺、人员等要素云化，实现需求分析、研发设计、工艺优化、排产计划、制造执行、物流管理的云端决策、下发到边缘和工厂执行，实现端到端的供需精准匹配。“犀牛智造”对传统服装供应链进行了柔性化改造，将行业流程缩短为 100 件起订、7 天交货，这样的响应能力为中小企业提供了更灵活、高效、快捷的生产选择。

值得注意的是，智能产品的现象为我们揭开了“软硬件解耦”的事实。何为软硬件解耦？过去，在设计 IT 产品时，做硬件的人不用管软件，但是做软件的人必须兼顾二者，既看硬件又编软件，这就造成了协作效率不高。有了操作系统后，大家形成一种新的标准和共识，即软、硬件彼此拆解，每个人只需做好自己的事而不用兼顾其他，进而做到资源和协作的最大化分离，这个过程就是解耦。

过去，产品的功能实现主要取决于硬件，现在，智能化技术使产品的软件服务可编程。比如手机系统上搭载各种 App，即便我们使用的是同一款手机，每个人下载的 App 和所享受的 App 服务也可以不一样。之所以如此，是因为智能产品最重要的功能在于控制，而控制的基础技术和逻辑在不断发生变化，从最初的机械控制演进到电子控制和软件控制，这是技术演进的重要逻辑。而从经济学的角度来讲，硬件遵循的是规模经济，通过不断提高硬件通用性来降低成本；软件遵循的是范围经济，需从同质产品向多样化、个性化产品转变，这样才能对需求变化做出实时响应。

比如，杭州市萧山区创新推出特种车辆优先调度，采用城市大脑的应急车辆监控系统实现秒级精准预测和响应，通过在数字孪生城市进行动态交通模拟，同时自动科学地调控红绿灯，实时为 110、120、119 等城市应急车辆规划最优路径，可大大缩短应急车辆通行时间且不影响其他车流。

显然，智慧城市是建立在“软硬件解耦”的基础上的，大量铺设新基建设备已经不是一个普适性问题，如何通过软件不断实现城市特色需求，提高服务的响应速度，是城市管理者需解决的新问题。

“敏态”的觉醒

长时间以来，IT 系统都是遵循“稳态”路径，即在已有的技术底层上搭建积木，这适用于需求明确的工作，比如许多企业长期依赖的 ERP（企业资源计划）等商业套件。不过，稳态系统的功能存在明确的边界，只能做到大颗粒管理，更新频率往往以年为周期。这样的系统在面对越来越复杂的数字化需求时，就像让一个臃肿的胖子去踢球，身体已经很难做出快速响应，甚至可能造成“沙上垒塔”的窘境。

为了应对这样的挑战，2016 年高德纳率先提出了“双模 IT”的思路，从需求视角将 IT 系统的治理划分为两种模式：模式一集中在完全理解的、能较精确地预知的领域，将这些领域从传统的 IT 环境进化到适应数字化时代的环境，强调持续的“可靠”，就像马拉松运动员；模式二面对的是未知的、全新的问题，目标是通过探索、试验来驾驭不确定性，这里更强调“敏捷”，就像短跑运动员。模式二注重的就是“敏态”的觉醒。

“稳态”模式的窘境在金融行业特别突出。布莱特·金曾在《银行 4.0》（*BANK 4.0*）中预言：“金融服务未来将无处不在”“银行业务不再是繁华街道上的高楼和让你签字的纸，而是需要你以最高的效率实时向客户提供服务”。的确，随着业务规模越来越庞大，金融企业的系统逻辑越来越复杂，软件如何适应高响应需求成为问题。2019 年，我国江苏银行推进“智慧金融进化工程”，为解决这一问题做出了尝试。该工程背后正是遵循了“双模 IT”的建设思路：对于记账等开发周期长的系统，仍然使用传统的“稳态”模式；对于贷款等需要对客户、市场做出快速反应的系统，银行希望能像互联网企业一样，敏捷地支撑应用场景和业务开发，因此强化“敏态”模式。通过“敏态”模式，江苏银行推出“随 e 融”智慧金融服务平台。该平台通过互联网实现对中小微企业快速放贷，很快成为行业的明星产品。

“双模 IT”是一个中间状态，并非数字化转型的终点。对智慧城市而言，“稳态”和“敏态”正在成为动态演化、不断此消彼长的关系，越来越多的“稳态”系统将基于云、数据中台、SaaS 化等方式不断转化为“敏态”系统，呈现出无边界、细颗粒、高扩展、联动协同、即时智能决策等特征。

实现智慧城市的“敏态”需要跳出 IT 思维，从业务和运营端出发，打通城市一体化治理平台，建立健全相关协调机制，实现跨层级、跨地域、跨系统、跨部门、跨业务的“敏态”，从而协调城市治理的“五脏六腑”。

智慧城市建设不是处于封闭的生态箱中，从平台构架来看，目前主要有“先总后分”和“先分后总”两种建设模式。“先总后分”采用“自顶而下”的“敏态”建设方式，将城市各级政府、各部门平台集约在统一的平台，规定集约化平台统一资源规范，实现多个层级的标准化建设；“先分后总”是“自下而上”的“敏态”建设方式，城市各级政府、各部门分别自建集约化平台，数据则按照城市统一标准规范汇聚至城市信息资源库，依托统一的信息资源库实现数据互联融通，实现“先多级分层，后一体化统一”的目标。两种建设模式并无优劣之分，需要根据城市的发展阶段、竞争力和定位判断采取哪一种。

从技术构架来看，各地城市管理服务部门的系统在一定程度上都具备开放性、兼容性，在这两种建设模式下，智慧城市可以依托“中台架构”连接起不同部门或应用的服务，构建起完善的城市应用生态体系，既解决了传统集约化架构的难题，也提升了统一平台的快速迭代及运维实时监测和服务的能力，智慧城市的系统构架从臃肿向“极约化”转型，实现技术构架的“敏态”。

从机制上来看，这两种建设模式围绕城市数据和应用建立相关标准及原则，明确了有关部门在数据信息上的权利和义务，建立起分级体系、划分了不同权限，实现各级互相制约，从而实现“敏态”的城市分享机制。

把复杂留给系统，把简单留给市民；消除不确定，实现快速响应——这或许就是“敏态”系统之于智慧城市的意义。

第二节
城市集群：液态城市与数字飞地

公元前325年，亚里士多德在《政治学》（*The Politics Of Aristotle*）中写道："人们为了生活而聚集到城市，为了生活得更美好而居留于城市。"

诚然，"实现对美好生活的追求"是人赋予城市的意义，然而城市在数字化转型的过程中，也变得越来越"液态"和"跳跃"。

一些城市的地理边界所裹挟的权利价值已经被数据、平台和算法重构，城市开始由"地缘关系"向"数缘关系"转移。同时，城市的流动性让城市向外扩张，面对无可回避的"溢出效应"与"虹吸效应"，城市通过"建群"化解对立和危机。

而在"1+1=2"的智慧城市集群中，我们如何实现"1+1=11"的生态效益呢？

流动的城市

1996年，著名城市社会学者曼纽尔·卡斯特尔提出流动空间理论。他认为，城市已经不只是地域范围内的空间，而是围绕人流、物流、资金流、技术流和信息流等要素流动而建立起来的空间。

在传统社会中，地域空间对人的影响很大，例如土地分配情况会影响阶级关系，距离远近可能造成感情亲疏，地域空间构建了人类的社群文明。而曼纽尔·卡斯特尔描绘的“流动空间”，包括现代城市中的机场、候车室、图书馆，甚至都市繁华区或者赛博空间，强调的是一种与地点无关的交互和共享感，人成为流动空间的信息节点。

比如，与“中东经济中心”迪拜最有共享感的城市，可能不是距离迪拜较近的阿布扎比，而是隔了阿拉伯海的南亚地区的一个城市。这是因为在迪拜工作的许多劳工来自这个城市，他们通过互联网和数字技术，与家乡的家人进行经济与信息上的往来。

流动性是“流动空间”的重要内涵与特征，流动的城市被称为“液态城市”。液态城市内部的流动性对城市来说十分重要。当下，网络化和数字化技术可以将人们的现实生活由复杂变得容易、由粗糙变得精细、由摩擦变得平滑，但是真实的生活无可避免地由复杂、粗糙与摩擦构成，城市中一些不切实际、不合时宜的建设，不但不能减小城市流动时的摩擦，甚至会加重阻碍。

在美国洛杉矶，减少城市对汽车的依赖，为后小汽车时代的生活做准备，是当地城市管理者的目标之一。为此，多年来洛杉矶修建了近十条轨道线，联通高速公路和城市快速干道。然而，洛杉矶的许多轨道交通站都坐落在城市的“垃圾”空间，比如高速公路的交会处、废弃的工业区等，行人必须穿越高速公路的上下匝道口或工业区的巨大停车场等到达检票机口，非常不便。洛杉矶轨道交通因而被许多居民摒弃，闲置率很高，反而成为影响城市流动的障碍物。

在城市规划领域，洛杉矶学派代表人物埃德·索加将城市内部的流动性问题定义为可达性问题。造成洛杉矶轨道交通这种尴尬状态的原因是城市规划者设想城市的流动性时，仍然是依照 20 世纪对“巨构城市”的刻画来展开的，追求通过钢筋水泥来联通物理空间的点和线，对纸上的理想城市模型过于依赖，忽视了城市这个流动空间里的真实细节。这种大颗粒度的规划，不仅阻碍了城市内部的流动，还会造成“城市堰塞湖”现象。

而在城市外部，全球化让城市的行政边界、社会关系及政治制度因流动而逐渐弱化，这些受全球化趋势影响的城市，不可避免地因为“溢出效应”和“虹吸效应”遭到居民抵制。

以“全球城市”为例。美国哥伦比亚大学教授萨斯基娅·萨森提出，一些参与发挥全球经济中介功能且有重要地位的城市逐渐成为“全球城市”，比如伦敦和纽约作为全球金融中心，就是全球金融体系运行的中心节点。深受全球化影响的“全球城市”，它的流动性为城市治理带来了全新的挑战。

首先，过度开放造成城市排异情绪。“全球城市”过度追求开放，会引来部分当地居民的反感和排斥，一些居民的抵触情绪和政府的“小富即安”心态，可能让城市走向“内卷”甚至封闭，从而失去创新能力。

其次，贫富差距带来城市极化问题。“全球城市”里往往聚集了大量科技公司和精英，同时也吸引了无数低技术、低工资的国际移民，收入分化和空间隔离会造成社会结构的极化，可能引发城市两极阶层的矛盾。

最后，文化差异拷问城市兼容方式。“全球城市”的高度流动性导致人口在特定地区聚集，可能加剧不同文化群体之间的紧张与对立。移民融合在流动性城市里是一个长期的课题。

流水不腐，户枢不蠹。就像哲人说的那样，只有滚动的石头，才不会长满青苔；只有流动的城市，才不会成为死潭。在液态城市（包括“全球城市”）中，除了钢筋水泥搭建的物理空间外，居民共享的价值观和共同的归属感也是一种推动城市流动的客观条件。

为城市建群

如果说“流动”的单一城市是河流，那么“流动”的城市群就是湖泊，是由许多河流汇聚而成的一方大泽。

回顾城市的历史，我们可以将城市与城市群的发展大抵分为四个阶段。第一阶段和第二阶段是“摊大饼”的模式，围绕核心城市集聚人口和生产要素，对周边区域的经济有带动作用，同时也对土地、能源等资源提出越来越高的要求。到了第三阶段，开始出现城市群发展的理念，城市由“摊大饼”发展模式向“多核心、多区域、多节点”的发展模式转型。第四阶段是城市与城市群发展的成熟阶段，出现了世界级城市群，城市群的各城市之间打通网络和数字接口，形成明确的产业分工和密切的经济联系。

目前，公认的世界级城市群有六个，分别是美国东北部大西洋沿岸城市群、北美五大湖城市群、日本太平洋沿岸城市群、英国中南部城市群、欧洲西北部城市群、我国长江三角洲城市群。

每个城市群都作为一个整体，在数字经济裹挟而来的规模效应、网络效应、平台效应下，对群中各城市的竞争力产生了深刻的影响，让城市产业经济运行发展突破了传统的时空与资源限制，使一些工业时代的没落城市、后发城市获得了换道超车的机会。

其中最具代表的就是北美五大湖城市群。作为唯一不靠海的世界城市群，北美五大湖城市群依靠五大湖沿岸的铁矿资源，加上阿巴拉契亚山脉的煤炭，以及四通八达的水运网络，造就了著名的“钢铁城”匹兹堡和“汽车城”底特律等。

然而，由于传统工业衰落，加上五大湖环境污染，这里一度成为北美地区的“生锈地带”。北美五大湖城市群是如何扭转这一状况的呢？2002 年，由芝加哥市牵头成立“五湖联盟”，形成了一套跨域治理机制：每年，湖区城市都会聚会一次，就产业竞争、水质污染、城市治理等问题协调各方利益，通过投入数字化推动城市群经济转型、产业升级和环境重建。经过多年协同发展，现在的五大湖城市群开始向北美的会展、期货和旅游业重地转型。

当前，以城市群进行区域协同发展，已经进入了新的历史阶段，而智慧城市建设也应该由单点、分散发力向智慧城市群建设演进。具体来看，数字技术可以帮助打造一套适配城市群特征的管理体系。在要素流通方面，可以实时连接反映人流、物流等情况的数据，实现统一调配资源；在区域协同方面，可以打破中心城市和周边地区的信息壁垒，实现统一监测管理。

在我国，组团建设智慧城市群已经成为城市群高质量发展的重要手段。早在 2019 年，长江三角洲城市群开始探索异地政务互通，率先推出“无感漫游”平台，实施政务服务“一网通办”，首批开通 51 个事项可在 14 城异地办理；2020 年，广东省正式上线泛珠三角区域“跨省通办”专栏，一站式办理广东、广西、海南等地共 470 项政务服务事项；2021 年，重庆、四川协同推进政务服务“川渝通办”，发布两批共 210 项“川渝通办”高频政务服务事项。

● 重庆、四川政务服务平台已开设“川渝通办”专区

我们可以看见趋势，数字驱动公共服务治理主体由“单元”向“多元”转变，由“静态”向“动态”转变，由“技术导向”向“社会需求”转变。然而，打通城市群之间的数字服务只是构建了城市群之间的“数字飞地”，智慧城市群发展的难点和痛点远不止于此。

由于智慧城市群覆盖的智慧城市众多，各城市在城镇发展、基础设施、产业发展、生态文明、公共服务、对外开放等方面的定位各有差异，如何避免产业同质化导致的无序竞争是个问题。同时，智慧城市群的发展与单个城市不同，需要更加注重建立区域协调合作机制、利益分享机制、权责分配机制、生态补偿机制、城乡统筹发展机制以及统一市场体系建设等内容。

因此，在智慧城市群的公告栏上输入一套行之有效的流动空间管理和利益协调分配机制的说明书，显得尤为关键。

“1+1=11”

城市群的数字化，是城市数字化转型的方向。而城市群的数字化转型，不是“1+1=2”的顶层设计，而是实现“1+1=11”的生态效益，即两个城市通过数字化合作产生的化学反应会推动地区整体发展，其产生的效益远远超过两个城市的简单相加。实现这种可能的模式离不开以下四个方面。

第一，资源要素的动态化。我们在前文提到，城市群的本质是一个多要素构成的流动空间，因此城市群的数字化也需要动态的系统、复杂的网络、多维流动的空间。

比如，在针对城市群的新冠肺炎疫情防控上，我国国家信息中心与腾讯共同启动共筑疫情“数据长城”计划，利用“健康码”系统和地理信息系统（GIS）数据，动态获取感染者时空分布、感染状态、各区域感染率等数据，追踪感染者出行轨迹，阻断高风险地区的人口流动，推动城市群疫情防控的数字化发展。

第二，需求场景的协同化。智慧城市群要充分结合各成员城市政府、产业现状和人民群众的真实需求，构建满足跨区域、跨行业的业务协同需求。

以日本太平洋沿岸城市群为例。这是一个多核的城市群，包括东京都市圈、大阪都市圈和名古屋都市圈。综合考虑 3 个都市圈的资源情况和城市需求，东京都市圈为城市群提供订单和金融，大阪都市圈为城市群提供物流和商贸，名古屋都市圈为城市群提供农业、工业原料及其加工品。在城市群发展过程中，政府全程参与规划，如今，通过“东京泛在计划”，各个城市根据城市群需求进行协同化发展，推动信息技术广泛深入业务场景，让这里成为全球汽车、家电、自动办公设备制造以及造船中心之一。

第三，数字应用的特色化。城市群中各成员城市对数字化的诉求不同，技术能力也有差距，因此要在横向领域和纵向层级上按需结合。

比如，我国长江三角洲城市群里的南京市，2020 年 60 岁以上户籍老年人达到了156.8万人，亟须实现政务服务的“适老化改造”。为此，南京市推出针对老年人用户的“免申通”平台，借助大数据技术进行自动研判，为老年人用户提前发现其所需要办理的服务或事项，实现部分证件延续服务的“无感审批”，让老年人用户由感受“被动服务”向享受“主动服务”转变。

第四，行业共建的生态化。智慧城市群需要完善统筹协同保障体系，畅通多层次政府间、政府与企业间的沟通分配机制，以全面调动各城市、各行业的积极性。

早在 2012 年，阿姆斯特丹、赫尔辛基、曼彻斯特等城市就共同推出“城市 SDK 计划”，各城市政府通过提供 API（应用程序编程接口）的机制，保障在统一的信息技术框架下，让城市间的企业更容易进行信息产品合作，以达到加速开发城市应用服务的目的。如今欧洲知名的“赫尔辛基绿色论坛”“未来一切创新实验室”等项目，都源于此计划。

在智慧城市“1+1=11”的生态效益影响下，城市的数字化应用不断深入，与数字化配套的标准、机制、法律也不断健全，智慧城市群之间的温度、速度、密度与精度开始不断提升，液态城市和数字飞地将成为新型智慧城市的典型特征。

第三节
有机智能：延展城市的生命力

21 世纪以来，科技领域出现了许多“大脑”。有诸如工业大脑、互联网大脑和航空大脑等行业类大脑的概念，也有谷歌大脑、腾讯大脑等企业类应用大脑。透过这些概念，我们可以看到，每一个被“大脑”赋能的产业或企业都在一定程度上表现出类脑智能化的特征。

在这个过程中，以智慧城市为建构基础的“城市大脑”逐渐出现在大众的视野中。不同于传统的信息化基础设施，“城市大脑”能够实现城市生命体征感知、公共资源配置优化、重大时间预测预警和宏观决策指导等一系列创新功能。

“城市大脑”的出现，既是城市智能化发展进程中的必然结果，也是城市智慧涌现的核心动力。

智慧城市里的“管家”

在前面几个章节中，我们多次提到智慧城市“先驱”IBM 公司的故事。

作为业内最早进入智慧城市领域的企业，IBM 公司并没有出现在今天的智慧城市建设的赛道里。如果你访问 IBM 公司官网，基本上找不到“智慧城市（Smart City）”这一独立板块的内容。实际上，IBM公司目前并没有做出严格意义上的智慧城市整体方案。它擅长用数字化技术将城市切割成不同板块，自己只提供硬件和数据库等标准化产品，然后把应用和解决方案部分交由合作伙伴来处理。

我们知道，“智慧城市”建设的根本目的是解决城市问题，而“智慧”只是对建设过程中技术发展到一定阶段的表述。倘若站在智慧城市需求方的视角来看，他们需要的是一个从软、硬件到生态的完整解决方案，而不是由各方拼凑而成的“大杂烩”。这也充分解释了为什么 IBM 公司没有出现在今天的智慧城市建设赛道里。

当然，在国外并不是所有涉足智慧城市建设的企业都和 IBM 的模式一样，谷歌就曾尝试触及智慧城市的整体解决方案。

本书第一章第一节所举的智慧街区 Quayside 项目就是一个案例。2017 年 3 月，谷歌与加拿大多伦多市签订了针对 Quayside 地区的智慧城市综合方案。谷歌确实下足了功夫，这份方案不仅囊括了顶层设计、技术方案、应用解决等多个部分，而且连砖块等细枝末节的地方都列出了采购要求。遗憾的是，由于当地居民对隐私方面的担忧，以及项目的商业利益和公共利益间的摩擦、新冠肺炎疫情造成的多伦多政府收入锐减，Quayside 项目最终宣告中止。

在数十年的智慧城市治理历程中，各国政府部门似乎都有一种无力感：无论花费多少精力，投入多少资金，城市建设、发展依然会遗留许多问题，总是“按下葫芦浮起瓢”。虽然不断有号称可以“改变世界”的新技术问世，但到了应用环节，其结果都不尽如人意。

在某种程度上，智慧城市建设中是否出现问题，并不在于所采用的技术先进与否，而在于智慧城市建设与管理者是否拥有足够的统筹管理能力。如何将城市运转过程中所产生的各种数据充分应用并转化为肉眼可见的效率工具，成为我国智慧城市建设与管理者需要思考的问题。

正是基于这样的背景，我国各方开始研究如何有效地统筹管理智慧城市，充分释放科技创新能力。2015 年，我国学术界基于互联网时代诞生的互联网大脑，提出了“城市大脑”的概念。学者们强调，“城市大脑”是互联网大脑架构与智慧城市建设所催生的产物，其旨在提高城市的运行效率，均衡地配置城市资源，满足城市内各个主体的差异化需求。

2016 年，中国工程院院士王坚首次在杭州落地实践“城市大脑”，他以城市道路交通作为切入场景，迅速覆盖医疗、教育和民生等多个领域，从此开启了“城市大脑”的发展之路。

那么，“城市大脑”到底神奇在哪里？

以杭州为例，在杭州“城市大脑”1.0 版本中，王坚试图解决市区出行高峰期道路拥堵的问题。杭州是一个拥有 250 万辆汽车保有量的城市，无法通过传统方法精确统计该市某一时刻路上的汽车数量。通过“城市大脑”联动道路监控探头，系统统计出杭州在平峰时期的路上车辆约为 20 万辆，而高峰时期仅多出 10 万辆。

换句话说，只要解决了这多出来的 10 万辆车的通行问题，也就解决了杭州的交通拥堵问题。为了不增加治理成本，“城市大脑”通过统计、计算各路口车辆情况，仅仅调整了红绿灯时长，便将车流行进速度增加了 10%~50%。

站在今天的时间点上看，这种方式似乎没有多么高级和神秘，但它非常直观地诠释了“城市大脑”的作用：通过发现未知问题，解决已知问题。人们曾这样评价“城市大脑”：如果说智慧城市是在电线杆上装摄像头，那么“城市大脑”会告诉你应该装几个摄像头。

此“脑”非彼“脑”

“城市大脑”诞生之时，中国的人工智能产业发展正火热。正是在这样的背景下，有人将“城市大脑”视为带有某种人工智能属性的机器，甚至将其与城市应急管理中心等管理平台画上等号，这是非常不正确的理解。作为一种新兴的城市治理技术工具，目前“城市大脑”尚无明确的定义和系统定位，其理论和实践仍处于探索阶段。但我们依旧可以从城市的治理场景中窥探“城市大脑”的运行状态及其存在的意义。

传统场景中，城市治理分为常态管理与应急管理，两种机制相互交替，不存在时间上的重叠。城市的日常管理主要依靠常态管理机制，一旦出现突发情况，应急管理则会取代常态管理，迅速对事件做出处置。待突发事件平息之后，应急管理退居幕后，把指挥权移交到常态管理手中。

随着智慧城市概念的出现，常态管理和应急管理的界限逐渐模糊。依靠智能化系统，城市每分每秒都能处于应急管理的状态中，在危险事件对城市造成破坏之前，及时进行干预和处理。突发性已不再是突发事件需要首先强调的特性。城市的应急管理不再围绕单一事件本身，抑或以恢复城市常态为目标，而是更加强调对诱因的深度分析以及对城市系统的深刻认识。它需要结合实时动态的信息体系，对突发事件本身及与之相关的对象进行统筹管理。

“城市大脑”恰好可以胜任这一管理任务。不同于应急指挥中心，“城市大脑”将城市治理视为一项长期工作，旨在强调对历史事件的数字化重构，分析和挖掘问题与事件背后的规律，提出面向未来的解决方案。

以新冠肺炎疫情防控为例，我国北京市海淀区专门打造了城市大脑疫情防控平台。该平台由疫情防控人员信息管理系统、疫情大数据

● 重庆市新型智慧城市运行管理中心（图片来源：罗斌/视觉重庆）

分析系统、疫情预警系统、社区防控预警系统四部分组成，集合了个性化数据分析，返京人群分析，人口排查分析，重点人群动态监测、跟踪，预警服务等重要功能。结合运营商的数据，“城市大脑”会快速分析并统计海淀区内各街镇、小区、重点场所的重点人员数量，人员主要来源地、活动轨迹、驻留时长、进入时间等信息；同时还对重点疑似病例开展预警服务，防止出现重大传染事件。为了将防疫工作做到最优，“城市大脑”针对确诊病例及疑似病例进行行为轨迹的整理和分析，并通过他们此前的日常行为轨迹进行推算，划定可能染疫的区域，最高限度地了解其活动范围，有效避免了疫情的进一步外扩。

由此例我们可以发现，智慧城市系统是一个整体，是不可分割的复杂巨系统，“城市大脑”的运行不仅要求诸于内部，开发实现其自身的技术功能和业务功能；更需要行诸于外部，影响和

带动智慧城市系统的其他子系统健康发展。

经历过认知更新与路径探索，城市大脑的定位逐渐清晰起来。对智慧城市的建设者而言，他们需要将“城市大脑”看作具有开放性和智能化且不断进化、完善的主体，在城市治理中应不断挖掘其应用场景和技术潜能，而不能用现有的数据基础、管理场景和决策问题限制其在城市的使用范围。否则，这一“大脑”便失去了存在的意义。

擦亮城市的“眼睛”

凭借高效的治理能力，“城市大脑”逐渐成为我国智慧城市建设中的“标配”。

实际上，这一“标配”的确立过程并不是那么一帆风顺。在应用初期，所谓“城市大脑”，主要是用道路上的摄像头来监测车流、车牌和车辆，或者完成商圈里的人流统计。这些都是大家早已熟知的“技术原理”。如果我们仔细思考，就会产生这样的疑问：一个普通的摄像头是如何与“智慧”联系在一起的？它的“智慧”到底体现在哪里？

通常的解释是，摄像头负责收集视频数据并将其存储在云端，“城市大脑”再凭借算法对视频数据进行识别和分析。这个逻辑当然没错，但它的背后隐藏着一个难以调和的矛盾：传统摄像头的清晰度欠佳，在视频中，不要说人脸很模糊，连车牌都很难看清楚，“城市大脑”很难对数据进行准确分析。

如果我们想把视频拍得更清楚，就需要更换高清晰度的摄像设备，但高清画质带来的是数据量的指数级递增。以一个 1080 P 分辨率的高清摄像头为例，它记录一天道路状况所产生的视频数据量是 52 GB。对于一个大型城市来说，实现基础的监控覆盖至少需要上百万个摄像头，倘若按照 1080 P 分辨率的标准来计算，仅一天的视频数据量就可以装满 5.2 万个 1 TB 的硬盘。

只是存储数据远远不够，我们还需要建立专门的网络通道、购买顶级的计算机设备，让这些视频能够顺畅地传递到“城市大脑”处进行识别和分析。在这种模式下，服务器费用、摄像头费用、网络传输费用、电费和设备维护费用等数额巨大，其中任意一项单独拿出来都让人惊掉下巴。

这就是“城市大脑”1.0 时代面临的问题：存储难、传输难、检索难和识别难，就像患有弱视的人群。中国工程院院士高文注意到了这个问题。在他看来，“城市大脑”和万千摄像头之间还缺少一个器官——数字视网膜。

人们之所以把它叫作数字视网膜，是受到了人类视网膜的启发。人类的视网膜装置可以将真实世界的画面和色彩进行数据化处理，让大脑能够直接理解这些视觉信息。同理，数字视网膜要做的，就是让摄像头本身具有一定的数据化处理能力，能够对识别的物体进行特征处理。

处理后的视频信息不再具有庞大且冗余的数据量，其转化为高效的数字编码，让“城市大脑”作直接分析。这样的好处是，既把识别和分析的工作保留在“城市大脑”内，又让边缘终端完成了智能化的初步解析，有效平衡了“云”与“边”的效率。

不过，想完成这个数字视网膜“手术”并不容易。数字视网膜的实现，需要摄像头具备通用化的视频编码标准与技术，从而替换运行传统“城市大脑”的高居不下的硬件成本。根据行业内部的反馈来看，实现数字视网膜，需要给传统摄像头加装专业的视频解码芯片，还需要对系统进行算法优化。这是一个从基础硬件到软件算法，再到产业打通的从上到下、整体配合的过程。

需要指出的是，搭建数字视网膜体系是一个繁杂的系统工程，可能需要数年才能完成。为了实现与“城市大脑”紧密配合，数以百万计的摄像头都需要进行逐步更换和改装。初期可能还需要在城市的各个角落建立边缘计算节点，赋予传统摄像头算力，从而一步步向数字视网膜体系过渡。

如今，我国一些省市已经开始数字视网膜系统的搭建。例如，在新冠肺炎疫情防控过程中，浙江省 9 个地级市市区的多家农贸市场就上线了该系统，口罩佩戴检测、人群密集度检测、质检员检测等功能已然顺利实现。基于这套系统，还可以衍生出更多的功能，比如对具体场景中的人员吸烟、打电话或离岗等行为进行实时监测，并通过“城市大脑”完成劝阻或报警工作。

截至 2021 年末，数字视网膜系统的推进在我国已三年有余，目前技术框架已经比较清晰，但在实际应用中还需要更多的完善和演进。未来，我们期待它能够帮助“城市大脑”实现更多功能，实现城市治理效率与能力的双重提升。

第四节
虚拟城市：元宇宙下的美好畅想

2021 年，随着脸书（Facebook，现已更名为 Meta）和腾讯等相继入局，元宇宙逐渐成为科技产业追逐的热点。

截至 2022 年 3 月，我国已经有 4300 多家公司注册了“元宇宙”商标，尚在申请中的公司超过 2 万余家。元宇宙概念亦成为创新的代名词，从 VR 设备到游戏公司，从 IP 产业链到社交平台，仿佛万物皆可“元宇宙”。

实际上，许多人对元宇宙的理解仍局限在史蒂文·斯皮尔伯格的电影《头号玩家》（*Ready Player One*）里描绘的未来图景，而对于产业发展，用电影或游戏的视角去对标现实，显然不够明智。

如何把元宇宙引向正确的发展道路，让社会对元宇宙建立起科学的认知框架，是当前产业发展需要解决的问题。事实总归胜于雄辩，所有人都在等待一个融入现实世界的生产、生活的元宇宙应用来讲好这个科技故事。

次世代的科技幻想

想要厘清元宇宙的种种线索，我们需要从不同角度探明元宇宙这个概念的由来和发展经过。

“元宇宙（Metaverse）”一词最早出现于 1992 年在美国出版的科幻小说《雪崩》（*Snow Crash*）中。该小说描绘了一个多人在线的虚拟世界场景，将这个“虚构之地”称为“元宇宙”。玩家通过 VR 头显（虚拟现实头戴式显示设备）等游戏设备相互联结，在虚拟世界中游戏和工作，甚至建造属于自己的楼房和公园。

2018 年，电影《头号玩家》上映。在这部科幻电影里，人们在现实和虚拟世界里穿梭，无拘无束地探索未来的种种可能。无须多言，电影里的虚拟世界带给人的惊喜和快乐远超现实生活，《头号玩家》被许多人视为对元宇宙概念最为形象化的解释。

如果说科幻电影夹杂了太多不切实际的想象，那么脸书的背书则让元宇宙破圈。

2021 年 10 月，脸书创始人扎克伯格发表了一封信——《创始人的信：2021》（*Founder's Letter 2021*）。在这封信里，他宣布公司更名为“Meta”，并将未来的战略核心转移至元宇宙。随后，扎克伯格用一个长达 90 分钟的宣传视频，描述了 Meta 公司的元宇宙构想。

根据扎克伯格的描述，在元宇宙世界中，人们不会受到肉体的约束，时空的限制也不再是问题，这是一种以人为主体的互联网新形式。在这个虚拟空间里，人们不必盯着电脑和手机屏幕来获得体验，自身就是元宇宙世界的一部分。人们可以与他人（或是其虚拟化身）毫无障碍地交流、互动，阅读彼此的眼神和动作，在一定程度上摆脱现实世界和肉体的束缚。这或许就是 Meta 公司所描述的元宇宙的核心价值所在。

我们可以对元宇宙下一个定义：“元宇宙”是一个平行于现实世界，又独立于现实世界的虚拟空间，是映射现实世界的在线虚拟世界，是接近真实的数字虚拟世界。

如今，我们可以看到许许多多元宇宙概念公司如雨后春笋般出现，医疗、教育、旅游等很多领域仿佛都能和元宇宙扯上关系。这种热度并非空穴来风。在大环境上，新冠肺炎疫情引起社会变化，催生出巨大的远程办公和游戏娱乐需求，这些与元宇宙概念有一定关联度。而在经济方面，量化宽松等经济政策使得资金流向市场，寻求新的投资领域，元宇宙满足了这一需求。

在科技领域，元宇宙的火热也有一定的合理性，其技术身份的叠加性能够催生出一个巨大的市场。打造一个元宇宙环境，通常需要增强现实（AR）、虚拟现实（VR）、扩展现实（XR）、5G、人工智能、云计算和区块链等多重技术的加持，而在这些技术的背后，是万亿级市场规模支撑起的想象力。

火热归火热，现在元宇宙仍处于行业发展的早期阶段，各方参与者都在力图寻找其在游戏之外的应用场景。这个混杂了多种概念又集合了众多技术的新热点将会带来怎样的前景，还没人能够回答。

再造“空中花园”

自元宇宙诞生之日起，有关虚拟城市的呼声就开始高涨。

这种联想不无道理。从目前来看，元宇宙的发展主要呈现出两个路径：一个是由实向虚，对物理世界进行虚拟投射，并增强渲染；另一个是由虚向实，为虚拟世界完成基础承载和未来再现。

这两个路径呈圆环状相向发展，而虚拟城市正处于它们相向发展中的一段交集区域。从某种程度上来说，元宇宙等同于虚拟城市，但它是更高阶的虚拟城市。

2022 年 3 月，英国扎哈·哈迪德建筑事务所（Zaha Hadid Architects）公布了一个元宇宙设计方案——利用元宇宙创建一座虚拟城市。通过一个名为“网络城市孵化器”的程序，人们可以进入并参观这个元宇宙城市。在这座名叫“利伯兰元宇宙”的虚拟城市里，

● “利伯兰元宇宙”虚拟城市全景图（概念图）

人们可以用加密货币购买土地，并以虚拟形象进入数字建筑。在这座城市里，许多建筑物都有着流畅的线条和圆润的边角，甚至可以修造悬浮在空中的观景台和雕塑，超越物理世界的限制。

站在建筑学的角度来看，这样的元宇宙城市为建筑设计领域带去了更多的幻想空间，设计师将不再受到城市规划的限制，可以恣意打造自己心中的未来城市图景。不仅如此，如果对这个虚拟城市喜爱有加，人们甚至可以花钱买下里面的土地，现实世界中的“利伯兰自由共和国”也将承认其产权——“利伯兰元宇宙”虚拟城市是以政治家维特·耶德利奇卡创立的“私人国家”为原型打造的，耶德利奇卡声称拥有两国交界的一小块无主地。

当然，“利伯兰自由共和国”至今没有获得任何国际组织的认可，耶德利奇卡“圈地成国”的举动，只是被外界视为行为艺术的变种。但扎哈·哈迪德建筑事务所基于元宇宙概念所作的城市设计，已然获得许多建筑事务所的青睐。在这些专业人士的眼中，超乎现实的设计思路，可以给传统的建筑设计带去诸多创新灵感激励。

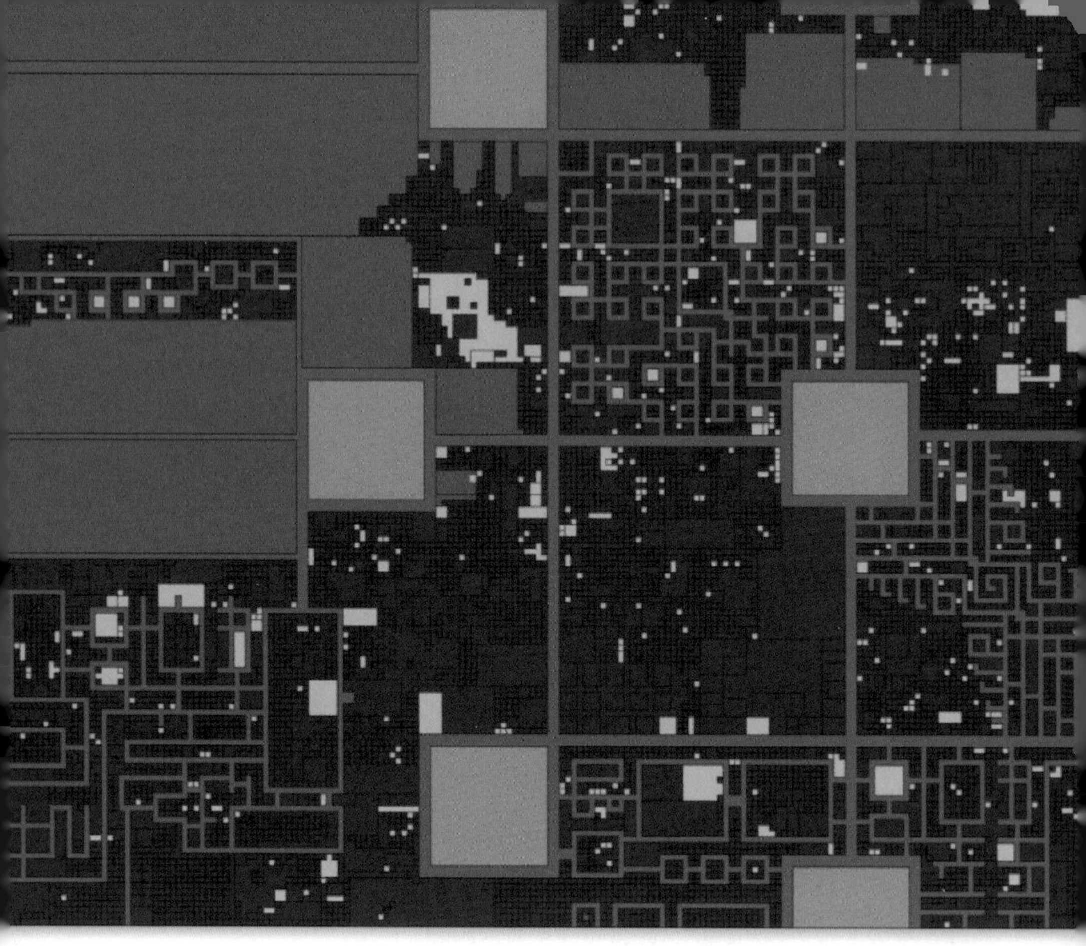

● “Decentraland”平台里的地图（黑色部分为正在售卖的地块）

如果说扎哈·哈迪德建筑事务所打造的虚拟城市多少还有些艺术气息，那么“Decentraland”平台则具有很强的实用性——它“玩”的是元宇宙土地买卖。

“Decentraland”是一个由以太坊区块链驱动的去中心化虚拟现实平台，用户可以在那里社交、游戏、交易等。它也是一座元宇宙城市，城市里面有很多虚拟土地，用户可以在虚拟地块上创建任何东西，打造属于自己的虚拟空间如商店、写字楼、展台等。

这个神秘的平台真正走进大众视野，是在 2021 年 11 月 23 日。在那一天，一块 4.87 平方米的数字土地在该平台拍出约合 1552 万元人民币的高价，震惊了全球社交媒体。这样的价格已经高于现实中美国曼哈顿城的平均房价，也远高于旧金山等美国传统富人区的

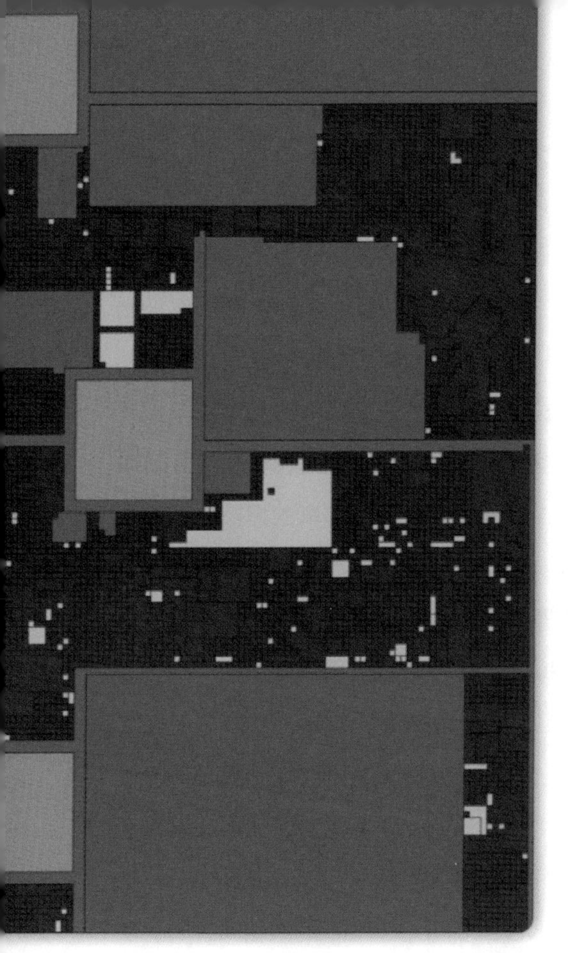

房价。

与现实情况类似，“Decentraland”的土地并不是无限供应的，而是按照特有“地块”来计算数量，一共只有 9 万块土地，且不会再增加。用户买下地块后，便可以在自己的土地上建设任何物体，可以是商店和住宅，也可以是餐厅和展台。国外不少知名歌手和演员都在“Decentraland”拥有自己的地盘，用于展示他们的音乐作品和电影海报等。

现在，元宇宙城市横空出世。谁也不曾想到，古巴比伦王国的空中花园，将由代码和智能化设备在元宇宙世界中重现。然而，这些由一行行代码构成的元宇宙城市，是否具备和现实城市同等的实用价值与商业价值，需要人们不断探索其真伪。

“新”生产力工具

对于一项技术，衡量其价值的一个标准就是其能否成为合格的生产力工具。

在过去的几年里，我们看到了大数据的精准预测，看到了人工智能的学习进化，也看到了物联网的联动感知。那么，除了眼花缭乱的炫酷功能外，当前的元宇宙能够做些什么呢？

我们不妨先来看看工业领域。关于元宇宙在工业上的应用，知名芯片企业英伟达（NVIDIA）走在了前面。2020 年，英伟达首次推出针对工业场景的 Omniverse 平台，这是一个专为虚拟协作和物理属性的准确实时模拟打造的开放式平台，被称为工程师的元宇宙车间。通过相应的智能感知设备，工程师们可以在平台上进行机器人、汽车和工厂等各类事物的模拟制作。设计团队可以在共享的虚拟空间中连接主要设计工具、资源和项目以协同进行迭代。在该平台的加持下，包括装配员、机械手臂、部件等多个车间要素被虚拟化地展现出来。计算机会自动进行装配过程模拟，工程师则可以通过这个模拟过程，及时发现未来工作流程中可能出现的问题并进行修改。

Omniverse 发布至今，已经拥有宝马 (BMW)、爱立信 (ERICSSON)、沃尔沃（VOLVO）、英佩游戏 (Epic Games) 等多个国际巨头客户。宝马是第一家使用 Omniverse 的汽车制造商，沃尔沃将 Omniverse 用于汽车设计，爱立信将 Omniverse 用于模拟 5G 网络信号传输，英佩游戏则将 Omniverse 用于游戏角色和场景的协同设计。

在教育领域，元宇宙同样可以大显身手。2021 年 12 月，美国斯坦福大学开设了元宇宙相关课程，这是一门完全通过 VR 设备授课的课程。学生可以在世界的任何地方戴上 VR 头显进行远程上课，不受外界条件限制。

学生上课的“教室”可以是巨大的虚拟博物馆，也可以是虚拟的充满危险的火山口或深海暗礁。元宇宙尤其适合用于模拟生物实验场景，学校可以减少对实验动物的需求量，用虚拟的白鼠或兔子解剖影像模拟绝大多数解剖场景。

诚然，将元宇宙作为授课工具也存在一些挑战。首先，现实世界和元宇宙两个世界如何进行交互？怎样把元宇宙里的元素与价值投射到现实世界里？其次，当每一个学生都是创作者的时候，如何建设和维持一个积极向上的元宇宙教育生态？常规课堂里的作业和实验又该怎样布置和验收？这些问题，都极大地影响着元宇宙与现实教育的进一步融合。

除了给工业与教育赋能，元宇宙对于智能化技术进步，同样可以起到巨大的推动作用。

在 2021 年出版的《解码智能时代 2021：来自未来的数智图谱》中，我们曾经提到谷歌的自动驾驶解决方案 Waymo。为了早日实现完全的自动驾驶功能，谷歌将搭载 Waymo 的汽车放在公共道路上进行训练，旨在尽可能地模拟人类真实的驾驶环境。

这确实是当前自动驾驶的主要学习途径，但道路安全始终是无法回避的痛点，即便 Waymo 的准确性可以达到 99.99%，现实社会也承受不起那 0.01% 的失误。此外，基于安全的考虑，自动驾驶汽车只能在一些比较通畅的区域行驶，对于应对日后复杂的真实场景确实没有多少值得借鉴的数据。

为此，谷歌专门开发了针对自动驾驶汽车的元宇宙训练场景——模拟城市（Simulation City）。截至 2020 年，模拟城市里集成了 2000 万英里（1 英里合 1.6093 公里）的实际道路数据，还覆盖了近几年美国道路上出现的主要安全事故数据，包括驾驶时使用手机、行人乱穿马路等危险场景。

谷歌的工程师表示，为了尽可能贴近现实，他们甚至可以在模拟城市中加入一些限定条件，比如刹车磨损程度、车辆自重和轮胎胎压等常见的危险因素，这些条件的设定都是人们在过去的自动驾驶训练中不敢想象的。不仅如此，模拟城市这种虚拟训练方式还帮助自动驾驶企业节省了大量的实地训练费用，有效降低了成本。

需要强调的是，在元宇宙为我们带来亮眼应用的背后，我们需要付出的隐私代价可能颇为“昂贵”。在元宇宙的世界里，用户想获得全面的沉浸式体验，往往不仅需要向系统提供常规的身份数据、行为数据和场景位置数据，还需要提供诸如人脸、指纹、声音和眼球运动轨迹等生物数据。元宇宙系统收集这些数据的目的在于改善或提升用户的使用体验，让虚拟空间具有更高的拟真程度。因此，如何确保信息安全及用户体验安全，成为一个绕不开的话题。此外，一些关于元宇宙的伦理性和社会性问题的出现，也引起公众对“元宇宙”的思考——这个庞大的虚拟世界需要实质性规则的约束。目前，元宇宙产品还没有大量面市，关于元宇宙的隐私和安全问题的讨论已在社会范围内展开，让我们静待立法的完善。

总的来说，元宇宙也许代表了我们对智能时代的终极向往，也代表了我们对技术迭代的未来预期。它描绘了一幅巨大的科技蓝图，等待着我们去填满图上每一个可能的角落。

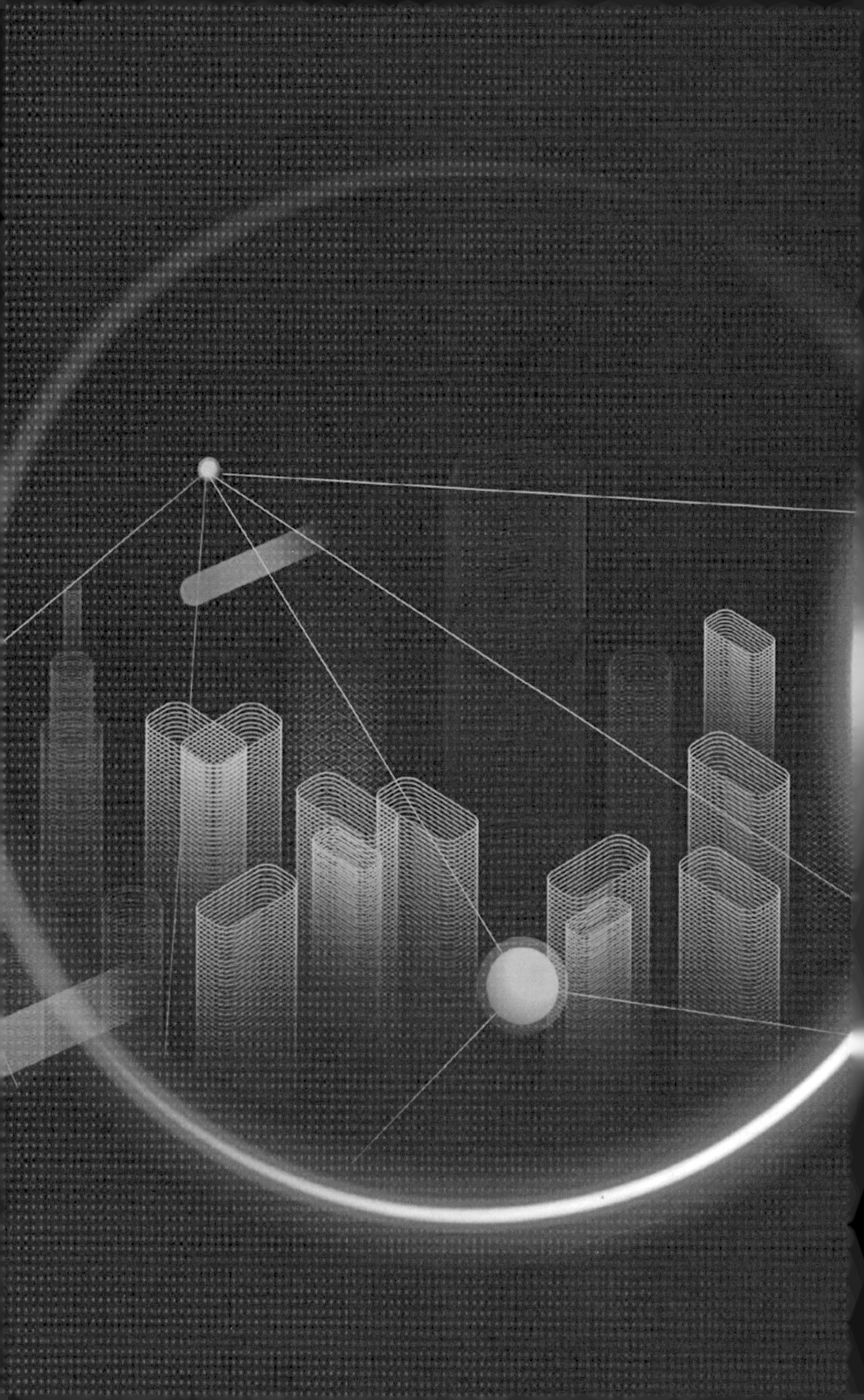